# 追星

## ——风云气象卫星的前世今生

曹静 著

气象出版社
China Meteorological Press

**图书在版编目（CIP）数据**

追星：风云气象卫星的前世今生 / 曹静著 . –– 北
京：气象出版社，2018.6（2021.12 重印）
ISBN 978-7-5029-6792-5

Ⅰ . ①追… Ⅱ . ①曹… Ⅲ . ①气象卫星 – 普及读物②
卫星 – 气象学 – 普及读物 Ⅳ . ① P414.4–49 ② P405–49

中国版本图书馆 CIP 数据核字 (2018) 第 131140 号

Zhuixing——Fengyun Qixiang Weixing de Qianshi Jinsheng

**追星——风云气象卫星的前世今生**

出版发行：气象出版社

地　　址：北京市海淀区中关村南大街 46 号　　邮政编码：100081

电　　话：010-68407112（总编室）　　010-68408042（发行部）

网　　址：http://www.qxcbs.com　　E-mail：qxcbs@cma.gov.cn

责任编辑：侯娅南　　　　　　　　　　终　　审：张　斌

责任校对：王丽梅　　　　　　　　　　责任技编：赵相宁

封面设计：符　赋

印　　刷：北京地大彩印有限公司

开　　本：787mm×1092 mm　1/16　　印　　张：13.5

字　　数：180 千字

版　　次：2018 年 6 月第 1 版　　　　印　　次：2021 年 12 月第 2 次印刷

定　　价：48.00 元

本书如存在文字不清、漏印以及缺页、倒页、脱页等，请与本社发行部联系调换

# 序

　　中国有句古话，叫作"天有不测风云"。我们的先祖早就认识到，复杂多变的天气对人类的生存、生活和生产活动有多么重要的影响。了解天气，首先要进行观测。在中国古代的历史文献中，就有大量关于天气现象的记载。竺可桢先生曾经根据历史文献，重建了中国过去5000年的温度变化趋势。在故宫的档案里，还保留有中国各地的雨量记录。

　　气象卫星是专门用于气象观测的应用卫星，从20世纪60年代开始发展，对近半个世纪以来天气预报技术的进步起到重要的作用。周恩来总理高瞻远瞩地注意到气象卫星这个重要的发展趋势，于1969年提出要发展中国自己的气象卫星。经过19年的努力，我国第一颗气象卫星"风云一号"A星于1988年发射成功。此后又经过30年的孕育，风云气象卫星的观测水平和可靠性得到极大的提高。至2018年年初，风云卫星家族已经有16个成员，其中"风云三号"极地轨道卫星提供上午和下午的全球观测，"风云二号"和"风云四号"静止轨道卫星在西太平洋和印度洋地区提供高频率的云图和垂直探测。风云系列气象卫星的观测质量已经达到目前的国际先进水平。风云卫星的资料在天气预报、气候变化、环境监测等诸多领域被广泛地应用，并为国际用户提供观测数据，被世界气象组织列入国际气象业务卫星序列，增强了我国在相关国际活动中的话语权。

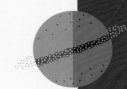

本书的作者曹静长期在广州气象卫星地面站工作，亲身经历了中国气象卫星的发展历程。她以这16颗气象卫星的发展为线索，介绍了风云气象卫星的"前世今生"——它的发展历史、系统构成、曾经遇到的困难挫折和克服过程。

　　当今大众追明星的热度持续不降，本书巧妙使用"追星"一词为主书名，引导读者关注气象卫星界的"明星"。使读者通过"追星"能够了解风云系列气象卫星，多追科学"明星"，激励读者关心科技与气象的热情。本书为四个系列的每一颗气象卫星都设计一个拟人化卡通形象，并赋予其人格特征，使读者接受起来更容易，阅读不枯燥。

　　书中除了介绍气象卫星，还讲述了气象卫星与百姓的关系，以及科研工作者执着、奉献的精神，贴近生活，也成为大众了解气象工作者的一个渠道。

　　希望本书能够让公众对气象卫星、气象服务有深入的了解，也更希望能吸引青少年朋友们投身到气象卫星事业中，为我国的气象卫星事业增光添彩。

许健民

2018年6月

# 前言

　　无意中看到一份《中学生追星情况调查报告》，令作者吃惊甚至惶恐的不是当代中学生追星的比例，也不是他们认知水平的初级，而是调查问卷中的两个题目：

　　* 你更关注明星的：

　　A．私生活　　　　B．公众形象

　　C．活动日程　　　D．其他

　　* 你崇拜这个偶像的哪一方面？

　　A．外貌特点　　　B．演戏与唱歌

　　C．个性与风格　　D．其他

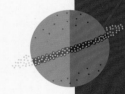

　　很显然，问卷设计者在不知不觉中把明星默认成了"歌星、影星"，把关注点锁定在了"私生活"等初级问题上！其实中学生"追星"无可厚非，我们大可不必谈虎色变，但他们"追星的对象"以及"追星的目的"需要我们引导。虽然歌星、影星远比科学家更受媒体关注，但作者也高兴地看到"追星当追钱学森、追星当追袁隆平、追星当追屠呦呦"等声音时时浮上水面……目前青少年崇尚歌星、影星靓丽的外表，却不关注科技明星内在的素质；热衷明星们炫目的光环，却忽视科学跋涉中的艰难；他们惊叹歌星、影星的财富，却从不关心科学成就给人类生活带来的改变。这种现象，需要家长，更需要科学家去引导"追星"。青少年学识还浅，需要知识分子帮助他们探索。如何引导他们追星从"娱乐圈"迈向

"科学圈"，如何全面提升公众特别是青少年的综合素质还有很多工作要做，好在多数公众也非常赞成"科学技术的发展会给我们的后代提供更多的机会""科学家的工作会使我们的生活变得更好"等观点，这意味着公众的科学信心十足，只是社会浮躁的心态和关注点使大家的科学素养失去"输血管道"和交流渠道。

"科学，只要没那么高冷，普通人也会喜欢。"只要不拒人以千里之外，主动拉近科学和普通公众的距离，人们至少不会讨厌它。将气象卫星高科技资源科普化，是作者的一个努力和尝试，这样公众就能够感受到与这个系统的国家工程、这一颗颗帮助人类认识风云变幻的气象卫星的千丝万缕的关系。"追星"的使命就是为了提升公众的科学素养，弘扬科学精神，传播科学思想，培养科学意识，倡导科学方法，普及科学知识。相信追"科学星"一定是社会理性的必然选择。

作者以30年风云气象卫星"追星人"的身份，从"追星"的角度为读者展示了"风云明星"的前世今生及它眼里的大千世界(地球和大气)。全书共分五篇，第一篇《叱咤风云半世纪》，描写了风云卫星的诞生和成长背景，简要介绍了风云气象卫星大家族中明星兄弟姐妹近半个世纪的孕育、成长，最后叱咤国际舞台的经历。第二篇《明星家族迎面来》，揭开了两代两个系列风云卫星明星的神秘面纱，对于普通读者来说，卫星总是充满着神秘感，这种神秘究竟

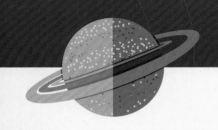

意味着什么？作者将为你一一揭秘。在本篇中，16个风云兄弟姐妹明星和它们的近亲们（基地、火箭、测控、地面系统）逐一亮相，虽然有些明星已经逝去，有的还遨游在茫茫太空令人遥不可及，但追星人会告诉你每个明星的特征和它背后的秘密。第三篇《看家本领逐一数》，全面介绍明星守望地球家园的故事，告诉你明星们跳出地球看地球，帮人类观云识天、监测生态环境的功夫。第四篇《科学明星藏身边》，讲明星与百姓的关系，读者会突然发现原来卫星科技离大家一点也不遥远，它们就在你我身边，默默无闻地做着人类的好朋友。第五篇《追星当追科学星》，介绍造星人和追星人对追星的乐此不疲，鼓励大家追星就追科学星。

曹静

2018年3月

# 目录

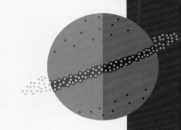

序

前言

**第一篇  叱咤风云半世纪  / 001**

### 一、老天爷  / 002
1. 老天爷的怪脾气  / 002
2. 老天爷的牛本领  / 003
3. 老天爷的小任性  / 005

### 二、天道难测  / 006
1. 占卜天气  / 007
2. 经验预报  / 007
3. 天气图预报  / 007
4. 数值天气预报  / 008
5. 可测难报  / 009
6. 天人斗智  / 011

### 三、造星与追星  / 012
1. 风起云涌育明星  / 013
2. 造星追星拉队伍  / 014
3. 明星阵营旺家族  / 017

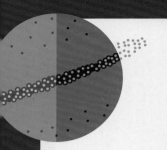

**四、修身成名扬天下　/ 021**

  1. 历经风雨见彩虹　/ 021

  2. 祖国护航无烦忧　/ 022

  3. 太空站岗观风雨　/ 025

  4. 叱咤风云国际星　/ 026

# 第二篇　明星家族迎面来　/ 029

**一、明星自述　/ 030**

  1. 姓名——风云　/ 030

  2. 性别——男／女　/ 030

  3. 系列——极轨／静止　/ 031

  4. 轨道——卫星路线　/ 032

  5. 姿态——卫星舞姿　/ 034

  6. 数据——接收传输　/ 035

  7. 载荷——演出道具　/ 036

  8. 窗口——发射时间段　/ 036

  9. 云图——卫星产品　/ 037

  10. 功能——卫星本领　/ 037

**二、"风云一号"四兄弟（第一代极轨卫星）　/ 038**

  1. 四大美天王，填我国空白（"风云一号"A/B/C/D 星）　/ 038

  2. 少年早逝去，天妒两英才（"风云一号"A/B 星）　/ 040

  3. 下笔画神龙，归去惊美鸣（"风云一号"C 星）　/ 048

  4. 伙伴同出游，双星奔太空（"风云一号"D 星）　/ 053

**三、"风云三号"四青年（第二代极轨卫星）　/ 055**

　　1．二代明星初登台（"风云三号"A/B/C/D星）/ 056

　　2．奥运使者我担当（"风云三号"A星）/ 059

　　3．星座观测我成就（"风云三号"B星）/ 061

　　4．业务运行我当值（"风云三号"C星）/ 063

　　5．绿水青山我来鉴（"风云三号"D星）/ 065

**四、"风云二号"七姐妹（第一代静止卫星）　/ 067**

　　1．不幸夭折大姐大（"风云二号"01星）/ 070

　　2．体弱多病两姐妹（"风云二号"A/B星）/ 070

　　3．在轨互备双组网（"风云二号"C/D星）/ 076

　　4．顶替三姐挑大梁（"风云二号"E星）/ 082

　　5．无级变速任扫描（"风云二号"F星）/ 085

　　6．精度提高寿命延（"风云二号"G星）/ 088

**五、"风云四号"小精灵（第二代静止卫星）　/ 089**

　　1．飒爽英姿登舞台（"风云四号"A星）/ 089

　　2．迷之自信能力来（"风云四号"A星）/ 090

　　3．世界领先魅力现（"风云四号"A星）/ 093

　　4．隆重首秀忘怀难（"风云四号"A星）/ 098

**六、卫星好友们　/ 100**

　　1．发射基地——卫星从这里飞向太空舞台　/ 100

　　2．运载火箭——送卫星登上太空舞台的使者　/ 104

　　3．测控系统——卫星的"监护人"　/ 109

　　4．地面系统——卫星作品集散地　/ 112

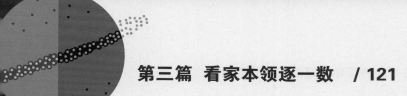

## 第三篇 看家本领逐一数 / 121

### 一、跳出地球看地球 / 122

1. 千里眼——站得高，看得远 / 124
2. 顺风耳——飞得快，见识广 / 125
3. 超级脑——脑筋快，身体棒 / 126

### 二、观云识天懂气象 / 127

1. 观云识天报天气 / 127
2. 台风难逃我手掌 / 130
3. 云图暴雨清晰辨 / 132
4. 热岛城市编火龙 / 133
5. 极地冰雪裂消融 / 134

### 三、生态环境我监控 / 136

1. 大兴安岭证火殇 / 136
2. 植被苍翠估产量 / 138
3. 苍茫大地捕雾、霾 / 139
4. 漫天黄沙辨尘暴 / 141

### 四、特殊技能显威风 / 144

1. 换岗搬家大漂移 / 144
2. "CT"体检查难疑 / 156
3. 区域扫描快反应 / 157

## 第四篇　科学明星藏身边　/ 161

一、卫星云图天天见　/ 167

二、防火期间瞪双眼　/ 169

三、灾害天气不缺位　/ 171

四、重大事件补位忙　/ 173

五、科学艺术融合美　/ 175

## 第五篇　追星当追科学星　/ 185

一、心比天高卫星人　/ 186

   1. 殚精竭虑铸风云　/ 187

   2. 真情一片恋卫星　/ 190

   3. 一生挂念在心间　/ 193

   4. 成就风云百姓星　/ 195

二、乐此不疲追星迷　/ 196

   1. 卫星经过，我们出工　/ 196

   2. 卫星不跑，我们紧盯　/ 197

   3. 早安晚安，我的明星　/ 197

## 后记　/ 199

# 第一篇　叱咤风云半世纪

# 一、老天爷

## 1. 老天爷的怪脾气

　　谁都知道老天爷的脾气很怪，有时阴雨连绵，雨雾茫茫，有时天气晴朗，万里无云。一位小朋友曾写道：阴雨连绵天一定是老天爷想到了不开心的事情忧郁流泪，阳光灿烂天肯定是老天爷记起了美好的事开心大笑。其实呀，老天爷可是一位变脸的"专家"：它

可不仅仅忧郁流泪，有时生起气来还会满脸乌云，大发雷霆；有时
会怒发冲冠，在一通活力十足的电闪雷鸣后把倾盆泪水从天泻下；
高兴起来它或者态度温和、和蔼可亲，或者面露微笑、风和日丽……
顺着老天爷的脾气我们仰望天空，总能发现天边的云彩透着老天爷
的内心秘密：像马、像龙、像狗、像龟、像树、像棉花糖、像人……
变幻莫测的云彩就像魔术师在玩变脸，除了晴空万里，老天爷时时
刻刻都在变换它的脸面，简直就是个调皮的老顽童。

## 2. 老天爷的牛本领

老天爷可不是只会变脸，它的本事有时大到你难以想象，不经
意间它甚至能成为历史大事件的助推器，不信？看看下面几个重大
历史事件中老天爷的助攻架势。

大家都知道，法国大革命的爆发其中一个因素是当时国内经济
低迷、食物紧缺，而引起经济低迷和食物紧缺的一个原因就是天气。
那是18世纪下半叶，受小冰河时期(16—19世纪的寒冷时期，这个
时期年平均气温很低，夏天大旱与大涝相继出现，冬天则奇寒无比)
和1783年冰岛发生的持续八个月的火山喷发严重影响，又赶上"厄
尔尼诺"现象带来的气温起伏，粮食产量锐减，造成食品价格飞涨，
法国民众无法承受。1788年法国又遭遇了罕见的持续性冰雹灾害，
对于饥肠辘辘的法国民众而言，无疑是雪上加霜。法国大革命结束
了法国一千多年的君主专制制度，传播了自由、民主、平等的思想，
在世界历史进程中具有重要影响，而气象灾害造成的民不聊生成了
法国大革命爆发的助推剂。

　　再看近代航天史上的大事件——"挑战者号"航天飞机灾难。
1986 年 1 月 28 日，"挑战者号"航天飞机在发射升空 73 秒后爆炸，
解体坠毁，7 名宇航员全部遇难， 原因是航天飞机发射后，右侧固态
火箭推进器上的一个由橡胶制成的 O 形环失效，导致热气泄漏，而
O 形环的失效则是因为当天早上佛罗里达州经历了一场低温洗礼。发
射前，曾有书面建议指出，温度低于 53 ℉（相当于 11.7 ℃）不能发射
火箭，但是这一提议被无视了。那一天发射基地气温为 26 ℉（相当
于 –3.3 ℃），于是，不可挽回的悲剧发生了。这次因天气寒冷、温度
过低造成的航空灾难被写进了美国乃至世界航天史中。

### 3. 老天爷的小任性

老天爷的脾气大，特别是近些年更是常上新闻头条，一言不合就在世界各地频出"大招"，一会儿在水面导演一出"龙卷翻船"的戏，一会儿在陆地发罕见大冰雹砸烂庄稼的火；一会儿在海面聚集所有能量弄个超级台风肆虐所经之处，一会儿又在沙漠卷起沙尘酿成人们躲避不及的沙尘暴；一会儿在空中导演一幕七彩炫美大片，一会儿又黑云压顶令人喘息困难。

话说为什么老天爷这么任性？原来呀，它是凭着多年的江湖生活，摸爬滚打练就了一个"借势发力"的本事，一遇到心情不好就

借助天时、地利、人和大做文章：巧借天时是它的惯用伎俩，比如一到汛期，它就会借着大气层极度不稳定的时机呼风唤雨，启动强降水、雷电、大风、冰雹等模式大发雷霆，此时我国岭南的天空如同天漏一般，倾盆的大雨直接泻下；智取地利也是它借机发脾气的宝典，通常它利用平原发起龙卷，席卷所经之处，美国中部就是它最喜欢智取的地方，有时还会利用山坳等可以形成"狭管效应"的山道、水道刮起回旋大风，大显神威，可怕的是，老天爷出这类大招时通常没有任何征兆，来无踪去无影，却给人类生命财产带来巨大损失。殊不知在老天爷喜怒无常、不解人意、大发脾气的背后，人类有意无意的刺激令它成了一触即发的魔鬼。当人类大量排放二氧化碳等气体导致温室效应时，极涝、极旱、极热就会和着老天爷的烦躁应运而来，老天爷此时的火气给人的感觉就像是个"垃圾人"，一点就着。

# 二、天道难测

为了摸透老天爷的怪脾气，从古至今，人们一直在努力和老天爷保持沟通。"忽如一夜春风来，千树万树梨花开""黄梅时节家家雨，青草池塘处处蛙""君问归期未有期，巴山夜雨涨秋池""傲立峭壁一点红，雪中闻香情独钟"，这些耳熟能详的诗句是我国古时候关于春夏秋冬天气的记载，但由于老天爷的脾气不仅受到各种因素的影响，每个因素的变化都可能瞬间点燃它的火，因此，人们一直都想提早知晓老天爷发脾气的时间和方式，以便做好预防，但这真是个大难题。

## 1. 占卜天气

我国商代后期（前 13 世纪至前 11 世纪），人们用占卜预测天气、疾病、生育和战争等等。帝王常用甲骨占卜吉凶，占卜中关于风、雨、水等方面的卜辞反映了先人对天气预报的需求。这法子，我们的祖先大概用了几千年之久。

## 2. 经验预报

我国在两千多年前总结出了二十四节气。针对每个节气内的物候现象，又总结出七十二候。对于一年的冷暖变化，又总结出了"三九"和"三伏"。通过观察日、月、云、风、雾等自然现象的变化规律，总结出很多在一定区域范围内具有一定的可信度的谚语，如"天空灰布悬，大雨必连绵""朝有破絮云，午后雷雨临""小暑一声雷，倒转做黄梅""鱼儿出水跳，风雨就来到"，这类基于经验的概率预报在新中国成立初期还经常用到。

## 3. 天气图预报

现代天气预报始于天气图的诞生，世界上第一张天气图诞生于 1820 年。但是天气预报业务更多时候是伴随着战争而发展的。1854 年 11 月，英法联合舰队在黑海上和俄军决战，遭到了一场强风暴的袭击，几乎全军覆没。如果当时将观测资料集中起来进行分析，绘

制天气图，英法联军可能就会避开这场强风暴。1855 年 3 月，法国由政府组织气象观测网，此后，世界上许多国家都陆续建立起了气象站网，开展天气预报工作。天气预报在 1875 年 4 月 1 日首次刊登在伦敦的《泰晤士报》上，这也是天气预报第一次刊登在主流报刊上。基于天气图出发的分析手

段使天气预报的技巧得到大大提升。随着气象观测站点数量增多、覆盖面更广，基于天气图的预报准确率也有了一定提升。

### 4. 数值天气预报

所谓数值天气预报，就是将大气运动的数学物理方程组以计算机语言的形式描述，在给定观测初值的条件下，通过计算机求解答案。数值模拟带动天气预报的发展，是伴随着计算机而发展的。1950 年，查尼和冯·诺依曼首次用电子计算机制作以大气动力学为基础的数值天气预报取得成功，从此，数值天气预报方法逐步成为现代天气预报的主要方法。

如今，数值天气预报水平的高低成为一个国家气象现代化水平的重要标志。

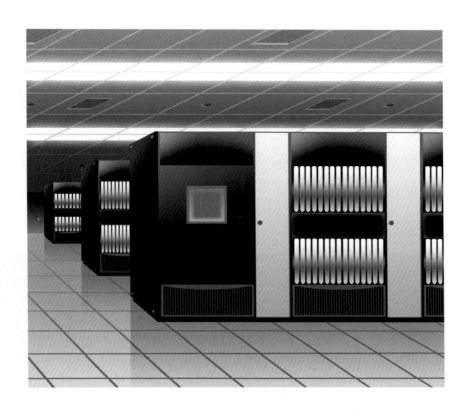

## 5. 可测难报

无论用什么方法预报天气，总有人调侃预报员就是风水先生，说预报的结果与老天爷的实际情况总是存在着偏差。说到底天气可测难报就是因为大家对老天爷发脾气的内在机理和规律没有完全掌握，再加上大气中存在一种叫"蝴蝶效应"的现象。北京一只蝴蝶扇动翅膀可能会引起广州的一场暴雨，而这一切即使在最现代化的模拟运算中也无法进行详尽的描述；另外，人眼、仪器眼、卫星眼都有盲区，无法做到明察秋毫，虽说有了气象卫星后，盲区减少了，

视野开阔了，台风无论多狡猾，都逃不脱卫星敏锐的目光，但地球同步气象卫星离地面约 36000 千米，分辨能力有限，极轨气象卫星只是个"巡警"，一些短时临近天气可能在它"出巡"别处时便发生了。加上云会掩盖其下方的很多秘密，瞬息万变让预报员免不了会漏掉很多局部特殊性的天气现象，难怪小朋友会问预报员"局部"在哪？预报了不发生（报空了）、没预报发生了（报漏了）的尴尬说明预测老天爷的脾气确是一件很艰难的事儿。

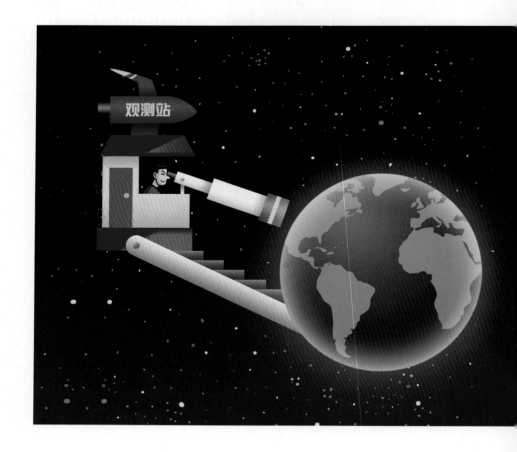

## 6. 天人斗智

为了摸透老天爷的脾气，从古至今人类想了很多办法。开始靠肉眼观云测天，靠经验预报天气，后来建设了地面观测场、高空观测站、自动气象站、天气雷达站等收集地球及大气数据，用于制作天气图或进行计算机模拟预报，但由于海洋、沙漠等地区人烟稀少、设备不足，很多天气资料无法获取，于是人们就异想天开地思考能否找一个可以观测地球上任何区域天气状况的地方。这样，到太空建立气象观测站的梦想就开启了气象卫星的发展之路。

# 三、造星与追星

在气象卫星领域，最早出道的是一个"国际明星"，早在中国还没开始制造风云卫星之际，国际上有个"明星"就已横空出世啦。那是 1960 年 4 月 1 日，一个名为"泰罗斯 1 号"的卫星诞生于美国，它可是世界上试验型气象卫星的第一颗哦，那时的它带着电视摄像机、遥控磁带记录器及照片资料传输装置，优雅地在 700 千米高的近圆轨道上绕地球转了 1135 圈，拍摄了 22952 张美丽云图和地球照片，后英年早逝。1966 年 2 月 3 日，另一个名为"艾萨 1 号"的卫星在美国诞生，它是世界上业务型气象卫星的第一颗，属于美国

太阳同步轨道气象卫星，在约 1400 千米外的高空遨游，从此预测老天犯病有了"星地一体"的天气立体观测网。"艾萨 1 号"的诞生开辟了世界各国气象卫星研制的新领域，从此人类可随时监测老天爷的风云变幻，对它发脾气的规律知道了更多。

## 1. 风起云涌育明星

那是 1969 年 1 月 29 日，一股超强冷空气侵袭了祖国大地，华东、中南广大地区有线通信全部阻断，人民生命财产遭受到严重损失，当时，美国气象卫星已经开辟了天基观测云雨变化新途径，而我国做天气预报需要的高山、沙漠、海洋等人迹罕至地区的资料获取相当困难，举步维艰。

周恩来总理在听取有关单位汇报后明确指示：一定要采取措施，改变天气预报落后的面貌，要搞我们自己的气象卫星。终于，中国气象卫星的春天到来了！

## 2. 造星追星拉队伍

**造星** 1970 年 2 月，周恩来总理亲自批准中共中央、国务院、中央军委文件，下达了研制气象卫星的任务。造星任务就落到了当

时的上海市第二机电工业局身上（现中国航天科技集团公司第八研究院，简称"航天八院"）。所有的风云卫星均出自航天八院，都有着相同的中国基因，从1988年发射的"风云一号"A星，到2017年发射的"风云三号"D星，航天八院都是总研制方。

**追星**　1970年5月，中央气象局一支只有4个人名为"311组"的追星队伍也成立了，1971年7月这支队伍更名为"701"办公室，1972年3月，气象卫星研制正式纳入国家计划。1979年初扩展为中央气象局卫星气象中心，现在为"国家卫星气象中心"，这支追星队伍怀着坚定的信念开始了义无反顾的追踪风云气象卫星的旅程。大家从什么是气象卫星、卫星气象能做什么、气象卫星业务和卫星气象业务指的是什么等问题入手，确定了我国第一颗极轨气象卫星

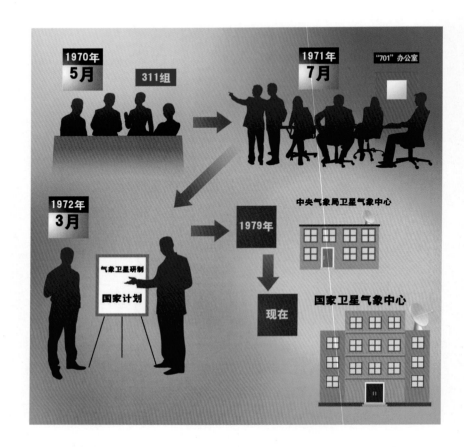

的目标任务，包括卫星名称、卫星寿命、卫星轨道、探测目标、探测范围和发射时间等。调研拟承研卫星平台和仪器的单位的技术状态，和卫星"娘家"航天八院一起对卫星进行设计，并迅速筹备建设追星人"据点"——气象卫星地面站和资料处理中心，即四站（北京、广州、乌鲁木齐、佳木斯）一中心（国家卫星气象中心）。

在追星队伍还没有国内星可追之际，美国的 NOAA 卫星成了"追星族"练兵的对象。

面对不断发脾气的老天爷，一支风云造星和追星队伍开始加入了和老天爷斗智斗勇的行列。

## 3. 明星阵营旺家族

经过 20 年的孕育，截至 2018 年年初，16 个兄弟姐妹明星相继出生，引来国际卫星气象组织的高度关注。

1988 年 9 月 7 日，试验应用极轨气象卫星"风云一号"A 星发射成功，携带一台 5 通道可见光红外扫描辐射计实现对地遥感。

1990 年 9 月 3 日，第二颗试验应用极轨气象卫星"风云一号"B 星发射成功，携带的遥感仪器同 A 星。

1999 年 5 月 10 日，第一颗业务应用极轨气象卫星"风云一号"C 星成功发射，携带的是 10 通道可见光红外扫描辐射计。

2002 年 5 月 15 日，第二颗业务应用极轨气象卫星"风云一号"D 星发射成功，携带的遥感仪器同 C 星。标志着我国已成为能够自行研制和发射气象卫星的国家，并已进入了业务运行和应用阶段。

1997 年 6 月 10 日，试验应用静止气象卫星"风云二号"A 星发射成功，携带一台 3 通道可见光红外扫描辐射计，标志着我国已成为能够自行研制和发射极轨和静止两个系列气象卫星的国家。

2000 年 6 月 25 日，第二颗试验应用静止气象卫星"风云二号"B 星发射成功，携带的遥感仪器同 A 星。

2004 年 10 月 19 日、2006 年 12 月 8 日和 2008 年 12 月 23 日，我国分别成功发射了"风云二号"C、D、E 星，作为"风云二号"业务星，实现了静止气象卫星"双星运行，在轨备份"的目标。它们携带的都是 5 通道可见光红外扫描辐射计，对地探测能力明显增强。

2012 年 1 月 13 日，"风云二号"F 星在西昌卫星发射中心成功发射。它的亮点是具备更加灵活的、高时间分辨率的特定区域扫描能力，能够针对台风、强对流等灾害性天气进行重点观测，在气象灾害监测预警、防灾减灾工作中发挥了重要作用。它携带的空间环境监测器实现了对太阳 X 射线、高能质子、高能电子和高能重粒子流量的多能段监测，可应用于空间天气监测、预报和预警业务。

2014 年 12 月 31 日，"风云二号"G 星在西昌卫星发射中心成功发射，2015 年 1 月 6 日定点于东经 99.5° 赤道上空。总体性能优于 F 星。

2008 年 5 月 27 日，我国新一代极轨气象卫星系列的首发星"风云三号"A 星发射成功。它携带了 11 台仪器，除可见光红外扫描辐射计和空间环境监测器是继承性仪器外，其余均为新研制开发，且为第一次载入卫星的仪器。"风云三号"A 星的发射与应用，标志着中国气象卫星及应用步入了一个崭新的历史阶段。我国的航天人和气象人经过八年的努力，极轨气象卫星实现了从第一代到第二代的华丽蜕变。

2010 年 11 月 5 日，"风云三号"B 星成功发射。这是中国首次发射极轨气象卫星下午星，它和"风云三号"A 星组成上下午双星同时在轨运行的格局。

2013 年 9 月 23 日，"风云三号"C 星成功发射，这颗卫星可在全球范围内实施全天候、多光谱、三维、定量探测。

2017 年 11 月 15 日，我国在太原卫星发射中心用"长征四号"丙运载火箭，成功将"风云三号"D 星发射升空，卫星总体性能优于 C 星。

## 风云一号

**发射时间**

A 星 ·············· 1988 年 9 月
B 星 ·············· 1990 年 9 月
C 星 ·············· 1999 年 5 月
D 星 ·············· 2002 年 5 月

## 风云二号

**发射时间**

A 星 ·············· 1997 年 6 月
B 星 ·············· 2000 年 6 月
C 星 ·············· 2004 年 10 月
D 星 ·············· 2006 年 12 月
E 星 ·············· 2008 年 12 月
F 星 ·············· 2012 年 1 月
G 星 ·············· 2014 年 12 月

## 风云三号

**发射时间**

A 星 ·············· 2008 年 5 月
B 星 ·············· 2010 年 11 月
C 星 ·············· 2013 年 9 月
D 星 ·············· 2017 年 11 月

## 风云四号

**发射时间**

A 星 ·············· 2016 年 12 月

2016年12月11日，我国在西昌卫星发射中心用"长征三号"乙运载火箭成功发射"风云四号"A星。这不仅意味着我国天气监测与预报预警将更为准确，而且也代表着中国在气象卫星这一高端领域已经达到世界先进水平。静止气象卫星也完成了从第一代到第二代的完美升级。至此，中国顺利完成了两个系列卫星的升级换代。

020

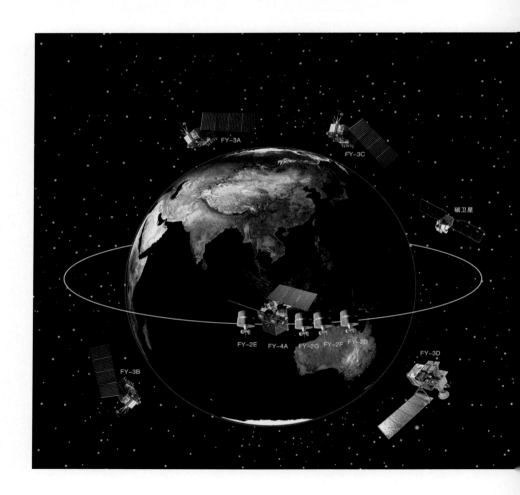

# 四、修身成名扬天下

## 1. 历经风雨见彩虹

我国第一颗风云气象卫星的发射比美国晚了整整 28 年，但因为美国气象卫星的发展可供我们借鉴参考，我们在刚起步时就瞄准了美国第一颗星发射 10 年后的探测技术，所以起点较高。之后几十年，又依据我国航天技术和仪器研制技术以及实际应用需求，不断对卫

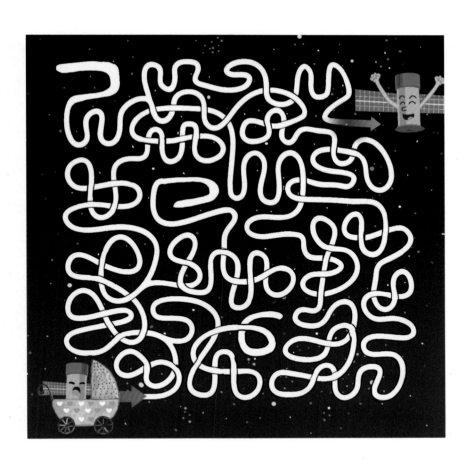

星探测目标进行修正，例如，"风云三号"加强了微波探测，增加了臭氧总量和垂直分布探测以及辐射收支探测，中分辨率光谱仪的空间分辨率也大幅提高。"风云四号"搭载了闪电成像仪等先进的仪器，最终实现了由第一代向第二代的跨越。

虽说造星和追星的人们竭尽所能，为"明星"设计了所走道路，赋予了它生存技能，但"明星"成长成"巨星"可真不是一件容易事，风云明星成长中经历的痛苦和磨炼回忆起来实在令人心疼。

1988年10月15日，成功在轨稳定运行39天的我国第一颗极轨气象卫星"风云一号"A星姿态失控，整星失败。

1991年2月14日，"风云一号"B星正常在轨运行165天后，由于星载计算机内存储数据跳变，导致卫星姿态再次失控，虽然后来经过多天的抢救获得成功，但失败的阴影总是挥之不去。

1994年4月7日，即将成为我国第一颗静止气象卫星的"风云二号"01星发射前的模拟测试过程发生意外，未能升空。

1997年6月10日和2000年6月25日分别发射的"风云二号"A星和B星，在轨运行10个月和8个月之后，也都因各种问题无法正常工作，均未达到设计寿命。

1988—2000年这艰难的十二年，可以说是漫长而痛苦的十二年，每颗试验"明星"都在它们还没有真正成熟起来成为大红大紫的"巨星"前，甚至个别在"青少年"甚至"幼儿"时代就远离我们而去，然而它们捕捉彩虹的梦想却从未放弃过。

## 2. 祖国护航无烦忧

虽然试验卫星都出了大大小小的问题，国家也常会因经济或发展问题对国民经济计划进行调整，但近半个世纪以来中国领导人从没有认为发展气象卫星是劳民伤财的事，他们不但坚持了第一代气象卫星"风云一号"和"风云二号"的研制，还部署了第二代气象卫星"风云三号"和"风云四号"的实施。瞧瞧下面这些颇具分量的护航令：

1972 年 3 月，当时的国务院副总理李先念批示同意将气象卫星研制纳入国家计划，由国防科学技术工业委员会（以下简称"国防科工委"）归口管理。

1978 年后，国家曾经对国民经济计划有过几次大的调整，包括减少基本建设投资、减少军费等。不过，邓小平同志仍然批准了包括气象卫星在内的一批重大项目的发展，不但保留了研制"风云一号"极轨气象卫星的计划，还新增了研制静止气象卫星"风云二号"的计划。

20 世纪 90 年代在气象卫星发展的关键性跨越时期，国务院批准通过了《"九五"后两年至 2010 年我国气象卫星及其应用发展规划》，并决定设立专项资金来支持气象卫星的发展。

2000 年 9 月，国防科工委上报的第二代极轨气象卫星"风云三号"研制立项请示得到国务院批准。

2006 年，《国务院关于加快气象事业发展的若干意见》中明确提出，要加强气象卫星系统建设，"特别是要保证气象卫星研制、开发和运行的经费"。

2008 年 5 月 30 日，当时的中共中央总书记胡锦涛、国务院总理温家宝在"风云三号"A 星成功发射及第一张云图接收情况报告上做出重要批示。

　　胡锦涛强调："要依靠先进科学技术手段，提高气象预报预测能力，搞好各项气象服务，为经济社会发展和人民群众安全福祉做出更大的贡献。"

　　温家宝指出："抓紧'风云三号'A星业务运行和应用，做好气象保障和防灾减灾服务。"

　　2009年12月11日，温家宝就气象卫星的发展指出："风云卫星还要发展，我们国家要成为世界上卫星探测的先进国家。有了风云卫星，我们才能够掌握科学技术，在国际上才能有话语权，才能更好地为气象服务；有了风云卫星，在应对气候变化上，我们才能有准确的科学数据。下个十年，风云气象卫星还要有大发展。"

2012 年 8 月，国务院批复了《我国气象卫星及其应用发展规划（2011—2020 年）》，保证了新的历史时期风云系列气象卫星能够继续保持良好的发展势头。

2017 年 11 月，当时的国务院副总理汪洋在"风云三号"D 星发射成功后做出了"希望用好卫星，发挥效益"的重要批示。12 月，在成功接收首幅图像后再次做出了"图像清晰，彰显水平。用好数据，搞好服务"的重要批示。

透过这些脉络，大家不难看出国家对气象卫星的关心和厚爱。

## 3. 太空站岗观风雨

近半个世纪，风云系列气象卫星的蜕变和成绩有目共睹：一是卫星由试验的"小试牛刀型"转向了舞台常驻的"业务应用服务型"；二是卫星们突破了长寿命大关，不再稍纵即逝，由原来的活不到设计年龄的昙花一现到超期服役、远超设计年龄的"驻颜有术"，无论极轨还是静止气象卫星都远远突破了原设计寿命关；三是"新生代"卫星综合实力明显增强，它们带着"十八般武艺"在观测能力上取得重大改进和突破性发展； 四是卫星产品、卫星资料共享能力显著增强，服务领域明显扩大。依托风云气象卫星地面应用系统工程建设的新一代气象卫星数据存档和服务系统，保存了 1972 年以来国内时序最长的气象卫星遥感数据，数据总量超过 300 TB，是国内

最大的遥感卫星数据存档系统，注册用户数超过 4000，用户数据年下载量由 1999 年的 10 GB 猛增到 2009 年的 250 TB。卫星数据产品及其应用有了质的飞跃，应用由定性向定量发展。

风云气象卫星是诞生在中国的气象明星，和很多人追的歌星、影星大相径庭，它们在你肉眼看不到的太空舞台上观风测雨，上演了一出又一出"好戏"：每当野火吞噬森林和草原，每当沙尘漫卷城市和乡村，每当暴雨肆虐河流和山川，每当干旱炙烤大地和岛屿，每当台风携风带雨逼近陆地……气象卫星都能大显神威，这些明星在遥远的太空上编织了一张无痕天网，傲视寰宇，用"千里眼"和"顺风耳"追踪着灾情，捕捉着风云。

虽然一般读者对气象卫星知道不多，但造星人和追星人已把它们打造成在气象、农业、林业、海洋等各领域都有出色表现的"巨星"，是效益发挥最好、应用范围最广的当红"明星"。

### 4. 叱咤风云国际星

强大的宏观动态、机动观察能力使气象卫星成为难以替代的观风测雨工具。

在重大气象服务保障方面，如 2008 年北京奥运会、2009 年国庆阅兵、2010 年广州亚运会，还有一些特大灾害，如 2008 年"5·12"汶川地震、2010 年"8·7"舟曲特大泥石流，人类就像多了只千里眼；在气候变化方面，气象卫星资料反演的海温、辐射、积雪和海冰产品已成为全球和区域气候变化研究不可或缺的信息。从第二代"风云三号"的微波探测仪到臭氧探测仪，从"风云四号"A 星的干涉式垂直探测仪到闪电监测仪，使我们第一次利用自己的气象卫星监测到了南极地区的臭氧变化，臭氧洞的发生、发展和消退过程，获取了北极地区海冰的变化，领略了台风内部对流云的风采，看到了澳大利亚上空密集可怕的雷电，所有这些都显示着气象卫星胸怀全球的国际大家风范。用"取得了辉煌成就"来形容这些风云明星一点也不过。

　　而今，我们风云气象卫星的国际影响力不断提高，世界气象组织已将风云系列卫星纳入全球业务应用气象卫星序列，风云明星成为全球综合地球观测系统的重要成员，与欧美的气象卫星一起，对地球大气、海洋和地表环境进行观测，中国气象卫星的国际地位和影响力正逐步提升。风云气象卫星实现了从追赶欧美到并跑，再到领跑的跨越，其采集的数据在世界范围内得到了广泛的应用。目前，澳大利亚、日本、新加坡、马来西亚、菲律宾、韩国、朝鲜、伊朗、阿曼、新西兰等近 100 个国家和地区都在不同程度地接收和利用风云气象卫星采集的数据。

　　以上这些成绩的取得奠定了我国气象卫星在国际上的地位。风云明星已成为国际气象卫星中的品牌星，它们正在不断开花、结果，造福于全人类！

# 第二篇　明星家族迎面来

# 一、明星自述

　　读完了第一篇，大家都知道风云气象卫星家族十分庞大了。截至 2018 年年初，风云气象卫星共有 16 个兄弟姐妹，它们和长征火箭、发射基地、运控中心、地面系统等亲戚一起为祖国尽心尽力服务。虽说十几个兄弟姐妹诞生的年代前后跨越了 30 年，大家的生活轨迹、脾气秉性、寿命长短各自不同，但它们共通的一点就是都特别乐于助人，尽职尽责地帮人类捕捉风云变化，感知地球冷暖。现在先来认识一下这 16 个兄弟姐妹吧。

## 1. 姓名——风云

　　我们 16 个气象卫星兄弟姐妹明星们都以浪漫雅致的词汇"风云"命名，取"风云"二字拼音的首字母，也可用"FY"表示，我们分别诞生于 20 世纪 80 年代之后的几十年间。很多人称我们是地球的"千里眼"和"顺风耳"，追星人说我们是当之无愧离百姓最近的"明星"。

## 2. 性别——男／女

　　按卫星系列决定性别，产生"男明星"八个，"女明星"八个。

　　**男明星**　我们把与太阳同行的八颗极轨气象卫星称为帅哥兄弟，包括第一代"风云一号"A/B/C/D 四兄弟和第二代"风云三号"A/B/C/D 四兄弟。我们男孩子天性好动，在距地球表面约 900 千米的高度每天绕着地球南北两极转动，不停地转来转去，大家别以为我们是在太空玩摩天轮游戏哦，虽说大家好动，但我们一点也不捣蛋，我们规律地转圈期间一直没停下手里的工作，我们扛着扫描辐射计等仪器，把沿途每一处地球及大气信息都记录下来，每102分钟就绕着地球南北极转一圈，每天都会把整个地球的风云变化看个遍。

**女明星** 娴静地跟地球同行的八颗风云卫星是我们的靓女姐妹，包括第一代"风云二号"A/B/C/D/E/F/G七姐妹和"风云四号"A星小妹。第二代小妹妹虽然刚出生不久，但这个"一零后"本领最大。都说"宁静致远"，八姐妹在轨时都安静地宅在赤道上36000千米高的太空，在东经88°~123°范围内定居，有时为了需要也会搬搬家，但通常情况下都会在"母亲"早就为大家准备好的岗位上站岗。虽说姐妹们很亲但却没空串门聊天，虽说很宅但胸襟广阔，眼界一点不窄，地球表面1/3范围及大气都时时在姐妹们的视野中。姐妹们日夜不停地保持和地球同步，时刻和地面站保持联系，守卫着地球家园，监测着中国母亲的风云变幻，有规律地每半个小时为地面发去监测信息，但每当地球遇到重大自然灾害或者国家举办重要活动时，姐妹们就会加班加点，迅速捕捉灾害并全程跟踪，最频繁时"风云二号"F星每6分钟就把灾害地区或者重大事件地区的情况向地面汇报一次，最小的风四妹妹甚至每分钟都能给地面发送一次消息。

## 3. 系列——极轨/静止

风云明星的培养有着长期规划，目前是两种系列（极轨和静止系列）两代卫星。第二代卫星在探测能力等方面综合素质比第一代有很大提高。

极轨气象卫星也即兄弟明星系列，用单数序号表示。第一代男星

为"风云一号",分为两个批次:两颗试验卫星（01批）和两颗业务卫星（02批）。第二代男星为"风云三号",分为三个批次:两颗试验卫星（01批）、两颗业务卫星（02批）和多颗业务卫星（03批）。

静止气象卫星也即姐妹明星系列,用双数序号表示。第一代女星为"风云二号",分为三个批次:两颗试验卫星（01批）、三颗业务卫星（02批）和三颗业务卫星（03批）。第二代女明星为"风云四号",目前进行到两颗试验卫星（01批）的第一颗卫星。

每个明星的编号都由三部分组成,取风云两字的首字母"FY",FY后的数字是我们的系列号,1,3,5…是极轨系列,2,4,6…是静止系列;数字后面的英文字母A,B,C…或者数字01,02,03…是命名同一代卫星中成功发射入轨后或入轨前的卫星序列号。在出场前,每个系列明星都会按照01,02,03…编号,成功到达演出位置后,会按A,B,C…确定编号,如FY-206对应的是FY-2E（由于FY-201没有成功发射,使得FY-2E对应的是FY-206）。国外卫星编号正好与我国相反,发射前按字母排列,发射成功后改为按数字排序。

## 4. 轨道——卫星路线

第一次听说"轨道"这个词时,很多人第一反应是——"鬼道"?卫星为什么要沿着一定的"鬼道"运行?"轨道"到底是什么?读下去你就清楚了。

大家都知道,歌星、影星亮相唱片或影片发布会时通常都会走红毯。我们风云气象卫星也一样,亮相太空寻找到自己的舞台也会按规定路线行走,卫星在太空走的路线和范围就叫卫星轨道:兄弟

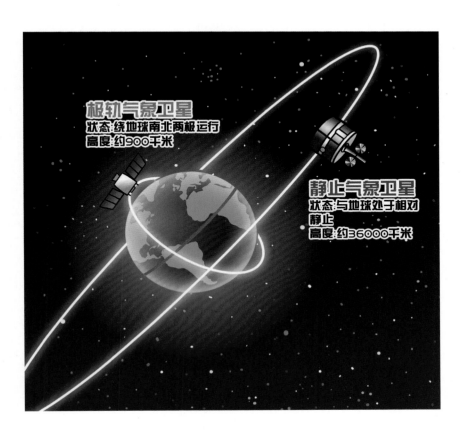

们走的红毯是和太阳同步的极地轨道路线（极轨气象卫星名称的由来），姐妹们走的红毯是和地球同步的静止轨道路线（静止气象卫星名称的由来）。小伙子们与太阳同步，它的轨道高度较低，能够把红毯铺满全球，满世界旅行，捕捉全球天气变化的信息；姑娘们则与地球保持同步运行，娴静且与地球保持相对不动的状态，尽职尽责地观测地球表面约 40% 固定区域天气大系统的变化，是名副其实的"宅女"。这两种卫星获得的云图共同使用，可完成天气的近期和远期天气预报。

### 5. 姿态——卫星舞姿

为了保证卫星传给地面云图的质量，卫星们的太空舞台表演水平必须具有很高的稳定性。极轨卫星"风云一号""风云三号"与静止卫星"风云四号"采用的是三轴稳定姿态控制系统，唯独"风云二号"姐妹们采用的是卫星自旋稳定姿态控制系统。极轨兄弟们被要求姿态的变化率小于每秒千分之几度，静止姐妹们被要求姿态的变化率小于每秒 0.0002°、每半小时 0.002°。也就是说卫星走的台步都要有严格的标准。

**自旋稳定**　一种被动姿态稳定。风二姑娘和早期的人造地球卫星大多是自旋（绕一个主惯量轴恒速旋转）稳定的。当它自旋角动量足够大时，在环境干扰力矩作用下角动量方向的漂移非常缓慢，这就是陀螺定轴性。姑娘们恒速自旋时自旋轴方向与角动量方向一致。利用陀螺定轴性，使自转轴自发保持稳定，但只有一个轴是稳定可控的。自旋稳定的优点是实现容易，只需要火箭末级或星上起旋火箭工作即可起旋。缺点是星上质量必须对称分布，搭载的载荷道具受限，定向天线不易安排，姿控和轨控都比较麻烦。

自旋稳定

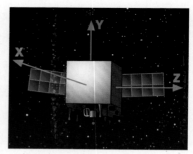

三轴稳定

**三轴稳定**　三轴稳定就是卫星不旋转，星体在 X，Y，Z 三个方向上均稳定，也就是说卫星与地球保持一定的姿态关系。三轴稳定的优点是能适应绝大多数卫星应用，易于满足搭载物的定向要求，轨控容易实现，没有明显缺点，但对姿控系统（姿控推力器、动量轮等）要求会高些。

### 6. 数据——接收传输

　　风云气象卫星数据是如何从天上传回地面，最后变成人人可以看懂的卫星云图呢？要说清这个过程，就得去看看卫星地面站每天都在做的事——卫星数据接收。中国气象卫星北京、广州、乌鲁木齐、佳木斯、喀什及瑞典、南极地面站每天负责十余颗卫星数据的接收任务。

　　首先要做好轨道预报。每天一早，计算机会根据卫星轨道参数等算出轨道报，确定不同卫星通过各个地面站的时间，通过站管系统统筹安排好地面站的天线、存储和传输等资源。至于卫星数据到达地面就得感谢通信技术的飞速发展了。卫星会在经过地面站上空时，将采集到的数据转换为适合在自由空间传播的电磁波并发送出去。在接收任务开始之前，接收系统就会将天线对准卫星即将出现的方位。当卫星出现并开始发送电磁波信号后，接收系统会对电磁波进行全程锁定、跟踪，同时接收系统会对接收到的电磁波信号进行放大、变频、解调等处理，并将输出的卫星原始数据基带信号送到下一个目的地——数据存储系统，数据存储系统负责从看不见摸不着的卫星下行信号中，抽丝剥茧般提取出卫星基带数据，将基带数据以二进制数据流保存下来，为后续图像处理或数据分析提供可靠的原材料。

　　有读者问了，过程这么复杂，怎么知道收到的数据正常与否呢？最直观的判断手段是将接收的卫星数据图像进行实时滚动显示，图

中没有误码点或者失锁线说明接收正常，这时我们看云图在屏幕上一帧帧呈现，感觉就像通过卫星上的镜头观察地球。当卫星数据最终完整地到达地面后会通过高速光纤数据传输线路，从各个地面接收站传输到产品处理中心。再经严密的几何纠正和辐射纠正处理，变成平时在电视上看到的卫星云图。这些云图既可作为天气预报用的卫星图像，也可用于生态环境监测等评估。

## 7. 载荷——演出道具

载荷是指卫星携带的仪器。气象卫星除具有一般卫星的基本结构和部件外，还携带各类遥感仪器，如微波温度计、微波湿度计、微波成像仪、空间环境监测仪器、全球导航卫星掩星探测仪、红外高光谱大气探测仪、近红外高光谱温室气体监测仪、广角激光成像仪、电离层光度计、中分辨率光谱成像仪、闪电监测仪等，这些仪器为卫星在舞台上出色表演提供了最好的支撑。

## 8. 窗口——发射时间段

发射窗口是允许发射卫星的时间范围。卫星的发射窗口是由航天任务和外界条件确定的。影响发射窗口的外界条件主要有天体运行轨道条件、卫星的轨道要求、卫星的工作条件要求，还有发射方向、地面跟踪测控和气象条件等。就航天任务来说，有三种发射窗口：一是年计窗口，是指以指定的某一年内连续的月数表示，适用于星际探测任务；二是月计窗口，是以确定的某个月连续的天数表示，适用于行星和月球探测任务；三是日计窗口，是以某日内某时刻到另一时刻的形式表示，适用于各种航天器。气象卫星通常用的是日计窗口。

## 9. 云图——卫星产品

卫星云图 (satellite cloud picture) 是卫星明星们在太空中自上而下观测到的地球上的云层覆盖和地表面特征的图像。利用卫星云图可以识别不同的天气系统，确定它们的位置，估计其强度和发展趋势，为天气分析和天气预报提供依据。在海洋、沙漠、高原等缺少观测台站的地区，卫星云图所提供的资料，弥补了常规探测资料的不足。卫星云图的拍摄也有多种形式：有借助于地球上物体对太阳光的反射程度而拍摄的可见光云图，只限于白天工作；有借助地球表面物体温度和大气层温度辐射的程度，形成红外云图，可以全天候工作；等等。不同的仪器会呈现出不同的云图。

## 10. 功能——卫星本领

每个卫星的功能是不同的，即使是气象卫星，每颗星担负的职能也不尽相同。通常气象卫星可以进行以下工作：卫星云图的拍摄；云顶温度、云顶状况、云量和云内凝结物相位的观测；陆地表面状况的观测，如冰雪和风沙，以及海洋表面状况的观测，如海洋表面温度、海冰和洋流等；大气中水汽总量、水汽分布、降水区和降水量的分布；大气中臭氧的含量及其分布；太阳的入射辐射、地气体系对太阳辐射的总反射率，以及地气体系向太空的红外辐射；空间环境状况的监测，如太阳发射的质子、α 粒子和电子的通量密度等。

上述观测内容有助于我们监测天气系统的移动和演变，为研究气候变迁提供大量的基础资料，为空间飞行提供了大量的环境监测结果。

# 二、"风云一号"四兄弟（第一代极轨卫星）

极轨气象卫星是跟着太阳奔跑的兄弟们，截至 2018 年初，与太阳同步的兄弟们共有八个，"风云一号"第一代登场的四个兄弟明星，代号分别是"风云一号"A/B/C/D 星。其中老大 A 星和老二 B 星是试验明星，而老三 C 星和老四 D 星是顶呱呱的业务明星。

## 1. 四大美天王，填我国空白（"风云一号"A/B/C/D 星）

中文名："风云一号"A/B/C/D 星

英文名：FY-1A/B/C/D

娘家：航天八院

婆家：中国气象局

出发地：太原卫星发射中心

居住地：太空，距地球约 900 千米的椭圆形极地轨道

出生日：1988 年 9 月 7 日、1990 年 9 月 3 日、1999 年 5 月 10 日、2002 年 5 月 15 日

体 重：约 1000 千克

语 言：星地通无线电波

专 业：观云测雨

擅长：匀速跑步巡检地球、远程照相观云识天

最好的工具：辐射扫描计

最喜爱的季节：秋季

个性：A 星观测风云第一波、B 星抢救及时起死回生、C 星生的伟大死的光荣、D 星在轨工作一代最长

**难忘事情：**留待追星族诉说

一提到"四大天王"，歌迷一族脑海里立即闪现出香港四大歌星的影子：出道最早、勤奋努力的刘德华，魅力十足、跳舞最棒的郭富城，唱功最好、不容质疑的张学友，英俊潇洒、温文尔雅的黎明。

你还别说，我们极轨气象卫星"风云一号"四兄弟和他们真有些像呢！

**大哥"风云一号"A 星**　"风云一号"A 星是我国风云气象卫星界出道最早的明星，它携带多光谱可见光红外扫描辐射仪（5 个通道）获取昼夜可见光、冰雪覆盖、植被、海洋水色、海面温度等信息。它敬岗敬业，为人随和，有亲和力，虽然它娇嫩出场，但一下子就拥有了跨年龄范围和跨国界范围最广的粉丝。

"风云一号"A 星

它给中国航天寂寞的风云系列带来了生气，给我们带来了观测风云第一波的惊喜，收获了丰富的云图信息和国际卫星界衷心的祝贺。

**二哥"风云一号"B 星**　"风云一号"B 星和郭富城相似，浑身有用不完的力量，跳起舞来电力十足，失控后喜欢翻跟斗，但功底不足，长寿基因不好。它短暂的生命史和抢救历程告诉我们明星上天后

"风云一号"B 星

能否正常演出，能否在突然生病的情况下及时得到抢修，依赖于庞大复杂的地面测控系统，如果没有精确的测控与管理，太空舞台的星就变成了断线的风筝。

**三哥"风云一号"C星** "风云一号"C星和张学友一样是个绝对的实力派，张学友唱功好，C星稳定功夫强，发射一年后成为"国际明星"，长寿基因好，在轨潇洒自如，离轨视死如归。

"风云一号"C星

**小弟"风云一号"D星** "风云一号"D星和黎明一样是典型的"白马王子"，发射顺、运行顺、身心健康，是在轨运行时间最长的第一长寿星。

第一代极轨四兄弟就像歌星四大天王一样，始终是一个神话，不管风云如何变幻，已经远行的四兄弟始终在气象追星人心目中占据着重要的位置。

"风云一号"D星

## 2. 少年早逝去，天妒两英才（"风云一号"A/B星）

说"风云一号"大哥、二哥是一对患难兄弟一点不假，但它们确是风云家族当之无愧的先驱。

星老大"风云一号"A星的孕育（研制）过程漫长而曲折，经过科研人员十几年的艰苦努力，终于在1988年6月25日出厂，被小心翼翼地运往太原发射基地。要知道老大可是我国传输型极轨遥感卫星的第一颗啊，经过几千人近三个月在太原卫星发射基地测试厂房的认真测试和准备，终于在 9 月 7 日 04 时 30 分，"长征四号"甲运载火箭将星老大准确送入 901 千米高度的太阳同步轨道太空。18 分钟后，广州气象卫星地面站收到星老大发回的双频遥测信号，这是中国气象卫星最早发回的信息。06 时 09 分，资料处理系统的图像终端上，出现了气象卫星发回的第一幅云图，这是一幅亚洲地区上空的卫星云图照片，从此"首获风云第一波"和"中国气象卫星第一幅卫星云图"就和它结下了永久之缘。这张中国气象卫星历史上的第一张云图照片，图像清晰，纹理清楚，层次丰富。次日，中央气象台开始使用星老大发回的云图资料进行天气预报和海浪预报。中国没

首获风云第一波功臣天线——双频遥测天线

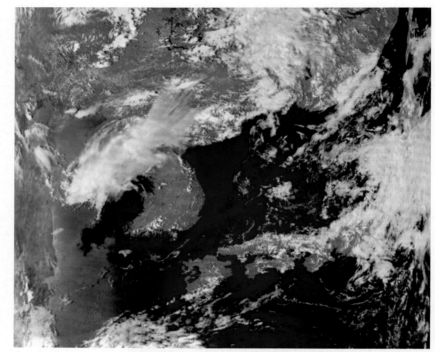

"风云一号"A星第一幅彩色合成图像（1988年9月7日）

有气象卫星的历史一去不复返了！国家领导人发来了鼓舞人心的贺电，当日在北京召开的世界气象组织会议的与会代表向中国祝贺！

然而，10月15日下午，星老大传回的图像发生扭曲，卫星沿滚动轴方向严重偏转，卫星姿态失去控制，整星失效，卫星未能达到考核寿命半年的要求。这时，距离这颗卫星升空仅仅39天，它像流星一样失去方向，展现出短暂的美丽后离我们远去。

星老大在仅有的39天短暂的健康生命史内，用扫描辐射计拍了不少地球及大气的好片儿，用甚高分辨率传输（HRPT）、低分辨

率图像传输（APT）和延迟图像传输（DPT）三种方式下传了不少珍贵资料。尽管星老大只有短短 39 天的寿命，但无论从中国空间技术的发展，还是从中国的气象科学技术发展来说，它的出现都具有划时代的意义。当时的中国气象局局长邹竞蒙说："第一，在太原卫星发射中心第一次打成了太阳同步轨道卫星；第二，'风云一号'第一颗卫星在国内首次采用了不少先进的关键技术并首先得到了考核；第三，可见光云图质量很高，博得国内外的良好评价，'风云一号'A 星拍摄的卫星云图清晰度可与同期美国的'诺阿'(NOAA) 相媲美。"

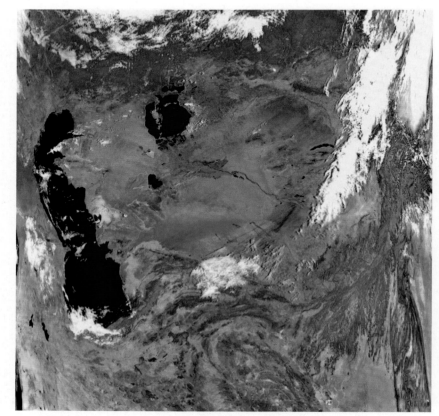

"风云一号"B星第一幅彩色合成图像（1990 年 9 月 3 日）

星老二"风云一号"B星于 1990 年 9 月 3 日成功发射，然而，时隔 165 天后的 1991 年 2 月 14 日除夕夜 20 时 57 分，地面站突然发现卫星发回的云图扭曲、倾斜、杂乱一团。事件上报后，西安卫星测控中心立即进入紧急状态。22 时 35 分，卫星再次经过时，人们从遥测数据中发现，卫星姿态又失去控制，星上计算机原先存入的数据大多发生跳变，用于卫星姿态控制的陀螺和喷气口均已被接通，气瓶中保存的氮气损耗殆尽。这样，星上的推力小火箭形同虚设，失去了调控卫星姿态的正常手段。更为严重的是，到了2月15日07时40分，卫星再次经过时，发现在旋转翻滚状态下，卫星太阳能电池阵只有部分时间对着太阳，如果卫星的电源供应再失去，那"风云一号"B星就真成彻底的"死星"了。

　　十万火急。测控中心和卫星研制部门果断决策，立即启动星上

大飞轮。启动大飞轮，实际上是把原作他用的大飞轮当作一个大陀螺，使卫星太阳能电池阵能稳定保持向阳面，从而保证卫星的电源供应，为抢救"风云一号"B 星创造最基本的条件。把姿态失控的卫星抢救过来是极其困难的，卫星每分钟的翻转速度很快，且每天仅有几次、每次仅有十几分钟的时间供科技人员对其实施抢救。

经过潜心研究，科技人员决定利用地球巨大的磁场和卫星磁力矩器相互间的磁力作用来减缓卫星的翻滚速度，逐步把卫星调整到正常姿态，4 月 29 日，"风云一号"B 星翻滚速度降至每分钟旋转一圈。计算机数学模型仿真试验表明，这时已可以进入卫星"重新捕获地球"的时刻了。5 月 1 日晚，当"风云一号"B 星再次出现在中国上空时，一串串数据和指令由测控中心发出，注入星上计算机，卫星遥感仪器的探测头终于又一次稳定地对准了地球。 5 月 2 日，测控中心通过遥控指令打开了星上所有仪器系统，地面站立刻重新收到了清晰如初的云图，这一天，距 2 月 14 日卫星失控过去了 78 天，之后 B 星又在轨累计正常运行了 285 天。

尽管星老二也出现姿态失控的现象，却为我们积累了卫星在轨"生病"抢救经验。 白手起家的中国卫星气象事业，没有人告诉你如何去做，没有实践凝练、不花代价便得到经验和知识是不可能的。

虽说两兄弟明星都失控且没达到设计寿命，但是它们给广大科研人员提供了宝贵的数据资料和实践经验，不愧是风云家族的"先驱者"！

## 延伸阅读：卫星在太空"生病"了怎么办？

星老大和星老二的失控告诉我们，卫星有时很"娇气"，因为航天工程的复杂性，卫星控制系统出现故障的可能性很大，加上卫星所运行的太空环境非常恶劣，太阳活动、太空垃圾、微小流星等都会给卫星带来麻烦甚至致命的伤害。一旦运行中的卫星出现故障，也就是卫星"生病"了，该怎么办？

和医生给病人看病一样，对卫星病情及时准确确诊是"对症下药"的关键，诊断准确与否直接关系到抢救卫星的成败。以往一般是人工诊断，通过人工监视遥测数据，判断故障点。发现故障点后专家们对卫星故障进行系统分析，在极短的时间内制订维修或抢救方案，最后根据抢救方案对卫星进行抢救。抢救方案的正确性验证很困难，通常时间紧迫不能贻误抢救时机。目前，许多国家开展了人工智能化诊断研究，通过高效的数据处理、故障报警、故障诊断、故障仿真、决策支持等功能于一体的诊断系统，保障准确检测在轨卫星的故障，并及时维修。

目前抢救卫星通常有两种方式：一是在地面发送遥控指令抢救，二是发射航天器进行空间修理。前者是常用方式，我们对风云卫星的抢救就是采用这种方式；后者对硬件要求特别高，只有美国执行过此类任务。在地面发送"治病良药"遥控指令抢救卫星的前提是卫星还具备接收指令并可以执行或部分执行的能力。如果卫星"油盐不进"，遥控指令无效，结果一般凶多吉少。近几年不少航天强国都在研究空间机器人在轨维修卫星的技术呢！

### 3. 下笔画神龙，归去惊美鸣（"风云一号"C星）

**明星老三故事多**　大哥之痛、二哥之憾，让人刻骨铭心的同时，也对老三更加期待。然而三哥真不愧是国际巨星款，所作所为令你不得不服。

**十载心血育神星**　老三1999年5月10日帅气登台时，距老大逝去已近11年。它体重约为950千克，身材适中，主体两侧各装有三块太阳能电池阵帆板，在升空入轨后展开，翼长达8.6米。它的探测通道达到了10个，足足比两位哥哥增加了一倍，这种变化大大增强了卫星的探测能力。

这个中国第一颗业务气象卫星有着怎样的表现呢？航天和卫星气象工作者都充满期待。

**一遇"风云"画真龙**　老三登上太空舞台后传回的第一幅卫星云图，看过的人一致认为这就是传说中的中国龙，看——白色的云和喜马拉雅山脉常年的积雪在绿色陆地、黄色沙漠、紫黑色水体的映衬下，龙头、龙眼、龙嘴、龙身、龙尾清晰可辨，栩栩如生，活脱脱一条盘踞在中国西部吞云吐雾的腾飞巨龙，真可谓是"一遇风云画真龙"。

**国际舞台展风采**　老三一出生就身怀绝技，携带10通道的可见光和红外扫描辐射计，时刻观风测雨并监视着地表灾情和环境信息。每天上午八点半左右，它会飞临我国上空，那时正是天空云量少、获取晴空资料的大好机会。

2000年4月7日，"风云一号"C星观测到沙尘暴涡旋由内蒙古向东北地区移动的清晰图像，为预报和研究沙尘暴机理提供了极有价值的材料。由于它出色的出演，"风云一号"C星很快名声在外，

"风云一号"C星第一幅展宽云图（1995 年 5 月 10 日）

它发送的云图吸引了国外众多的用户，美、英、德、意等国的气象应用部门在接收和分析了我国气象卫星的图像后，一致认为图像的质量很高。于是在发射次年，这颗星就被世界气象组织列入世界气象业务应用明星行列，这是我国第一颗被列入世界业务应用卫星序列的卫星。

**健康长寿素质好**　C 星的第一远没有停步，浩瀚星空舞台中，这位久经考验的明星默默书写了一个个传奇——它在太空中顺利地度过了它的六周岁生日，成为第一个达到设计寿命并远超设计寿命的遥感卫星。它超期服役 4 年多，成为当时我国在太阳同步轨道运行卫星中寿命最长的一颗，创下我国航天史上的新纪录。

在变幻莫测的 6 年多的太空运行中，它曾多次受到太阳风暴、空间粒子等的干扰，但均安然无损。2001 年 8 月底，太阳发生了一次强烈的 X 射线爆发，C 星不仅运行正常，还成功记录下了太阳的这次射线爆发。

**艺高胆大傲苍穹**　据它的设计师讲，C 星的工作过程中，曾发生过一个有惊无险的小故事：一次由于地面指令的误操作，它携带的扫描辐射计从正常状态被切换到了备份状态，有了 A 星和 B 星两兄弟刻骨铭心的失控经历，大家寝食难安。然而哥哥们的悲剧没有重演。科学家用心铸造的 C 星经住了外力和内力的双重考验，依旧淡定地笑傲苍穹。

## ★ 延伸阅读：C 星为何如此"长寿"？ ★

C 星摆脱短寿困扰成为名副其实的长寿星离不开造星人的贡献，更离不开下面几个重要环节。首先，设计师对 C 星采用了冗余设计，所有关键仪器和元器件增加智能备份；其次，面对太空舞台太阳风暴等恶劣空间环境，设计师为 C 星穿上了"防辐射衣"；此外，还从元器件采购管理、入库检验、检测筛选和失效分析等众多细节上把住质量关。在上太空前，C 星还经历了长时间的魔鬼式训练，包括对关键单机进行了超过 720 小时的高温试验，对设计有缺陷、有问题的元器件及其他隐患加以改进。在完成了常规试验后，又对 C 星进行了 300 小时的整星高温试验，使 C 星练就了一身刀枪不入的本领，不经风雨怎能见彩虹，身体素质过硬是 C 星长寿的关键。

## 打卫星到底难不难？

我们梳理下要想打一颗卫星必须要完成的步骤：

（1）必须发射弹道导弹或攻击卫星去执行打卫星任务。

（2）必须对发射的导弹或卫星进行控制、修正和调整姿态。

（3）如果是攻击卫星，必须对卫星进行变轨，以便进入目标卫星轨道。

（4）对目标卫星进行跟踪，获取其轨道和坐标参数。

（5）引导导弹或攻击卫星接近目标卫星，然后加速发起攻击，通过碰撞或爆炸摧毁这颗卫星。

这五点看起来一个比一个技术要求高，这么个高精尖的技术活你说难还是不难？

052

## 卫星在太空相撞会怎样?

　　2009 年 2 月 12 日 20 时 37 分，美俄卫星在太空相撞，作为人类历史上首次卫星整星相撞事件，向我们发出了严重警示：卫星如果不加强监控，受地球引力作用以及太空辐射影响会偏离原有轨道。偏离原来轨道闯进其他轨道后可能和其他轨道上的卫星发生碰撞。如果发现可能相撞，就应该启动卫星发动机避开。但是对太空各种物体的监控难度其实是很大的，如果不能避开，撞击产生的大量碎片就会散落到太空中，这些碎片撞到国际空间站的风险不大，但可能会影响同一轨道上的其他卫星。若碎片与其他卫星相撞，有可能在太空中形成放射性碎片带。给卫星造成致命硬伤。目前被人类遗弃在太空中的垃圾也越来越多，大到整个火箭发动机，小到人们日常的生活物品，以及人造卫星的碎片、漆片、粉尘。这些太空垃圾须使用进入"轨道墓地"、导弹击落、返修或就地燃烧几种方式进行清理。而根据国际惯例，人造卫星太空垃圾通常由卫星所属国家进行处理。把垃圾丢开可以避免邻近的人造卫星受到损害。

## 4. 伙伴同出游，双星奔太空（"风云一号"D星）

四大天王中最小的长寿弟老四，和明星老三一样摆脱了哥哥们的短寿困扰，身体素质大大提升，这代最小的明星D星更是将生命延长到10年以上。D星的完美发射、完美运行、完美结局令作者觉得怎样夸它都不为过，就让我们回看一下它惊艳出场的那一幕吧。

2002年5月15日早晨，太原卫星发射中心，巍然屹立的发射塔架上簇拥着"长征四号"乙运载火箭和"风云一号"D星、"海洋一号"两颗卫星。随着一号指挥员口令的下达，发射塔架上各层回转平台依次打开，运载火箭露出乳白色的箭体，一箭双星组合体傲指苍穹。

指挥大厅里，各系统的指挥员、设计师们坐在计算机或电视机前，目不转睛地紧盯着显示屏上火箭和卫星各种技术状态和参数。"一分钟准备！"塔架上的摆杆已经摆开。"……五、四、三、二、一！""点火！""起飞！"09时50分，太原山谷地动山摇，浓浓的烟雾从塔架底部的导流槽向上升腾，火箭喷射着一团红色的烈焰，托举着双星"风云一号"D星和"海洋一号"奔向太空……20秒后，

火箭开始拐弯飞行，在蓝色的天幕上画出一道美丽的弧线，向西南方向越飞越快，越飞越高。

"一级发动机关机！""抛整流罩！""二级发动机关机！"……指挥大厅里不断传来控制系统、遥测系统等指挥员们洪亮、准确的报告声，"风云一号"D星与火箭分离，顺利进入预定的太阳同步轨道。紧接着"海洋一号"卫星与火箭分离，随后成功入轨。

几分钟后，西安卫星测控中心传来数据证实，两颗卫星相继进入预定轨道运行。"风云一号"D星入轨后三分钟便捕获地球面貌，并建立稳定姿态，星上太阳能电池帆板随即打开，开始给卫星供电；"海洋一号"卫星在"风云一号"D星分离后63秒与"长征四号"乙火箭分离，进入距地面约 870 千米的轨道。两秒钟后，初始目标捕获。100 秒后，太阳能帆板打开，并指向太阳。30 分钟后，动量轮自动启动，进入正常运行模式。此后，经过在太空中的七次机动变轨，"海洋一号"卫星进入距地面约 798 千米的准太阳同步轨道。"发射获得圆满成功！"消息一宣布，指挥大厅、观礼台、发射场区……顿时成了欢乐的海洋，欢呼跳跃的人们互相拥抱，共祝成功。这个载入风云卫星史册的日子，标志着中国长期稳定运行的极轨气象卫星对地观测体系基本建成。

# 三、"风云三号"四青年（第二代极轨卫星）

　　如前所述，极轨兄弟们的命名都是单数，所以我们新一代极轨卫星就自然被称为"风云三号"（FY-3）了。"风云三号"的研制、发射和"风云一号"一样分两个批次。01 批为试验卫星，有两颗。奥运星"风云三号"A 星于 2008 年 5 月 27 日发射，卫星由北向南经过赤道（降交点）的地方时约为 10 时 05 分（因此也称为"上午星"）。"风云三号"B 星于 2010 年 11 月 5 日发射，卫星由南向北经过赤道（升交点）的地方时约为 13 时 39 分（因此也称为"下午星"）。02 批为业务星，有两颗，设计寿命为四年，可以持续使用 10 年以上，"风云三号"C 星于 2013 年 9 月 23 日发射，"风云三号"D 星于 2017 年 11 月 15 日发射。这一代兄弟们由于赶上信息时代技术的飞速发展，探测本领比第一代"四大天王"大很多。

## 1. 二代明星初登台（"风云三号"A/B/C/D 星）

中文名："风云三号"A/B/C/D 星

英文名：FY-3A/B/C/D

娘家：航天八院

婆家：中国气象局

出发地：太原卫星发射中心

居住地：太空，距地球约 900 千米的椭圆形极地轨道

出生日：2008 年 5 月 27 日、2010 年 11 月 5 日、2013 年 9 月 23 日、2017 年 11 月 15 日

外貌：4.46 米 ×10 米 ×3.79 米

体 重：2400~2800 千克

语 言：星地通无线电波

专业：观风测雨

观测功能： 遥感仪器观测谱段从真空紫外线、紫外线、可见光、红外线一直到微波频段样样齐全，既有光学遥感，又有微波遥感

擅长：可获取地球大气三维、全球、全天候、定量、高精度资料

载荷：可见光扫描辐射计、红外扫描辐射计、红外分光计、微波辐射计、中分辨率光谱成像仪、微波成像仪、紫外臭氧探测器、地球辐射收支探测器等

作为新一代极轨气象卫星，"风云三号"的目标有：一是为天气预报服务，特别是为现代的数值天气预报提供全球范围内的气象参数；二是监测全球天气、气候、各种自然灾害和生态环境的变化；三是监测全球冰雪覆盖和臭氧分布等，为了解和研究气候以及气候变化提供基础性的信息；四是利用它的数据和产品服务于政府决策、防灾减灾和我们国家经济社会发展各个领域。

　　"风云三号"的能力很强，主要有以下几项：一是每天都可以拿到全球均匀覆盖的观测数据，包括平时人类活动很少能到达的南北极、海洋、青藏高原等地点的相关数据；二是可以获取大气温度和湿度的三维分布，它具备垂直观测的能力，就像给人体全身扫描的仪器一样；三是它可以观测全球臭氧，了解臭氧是否会危及我们的地球或者人类的生存；四是它有一双更尖锐的眼睛，即250米的对地观测分辨率和3000千米宽的视场，对观测区域发生的自然灾害可以了如指掌。

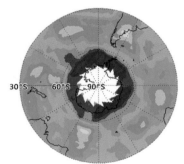

(a) 臭氧洞形成初期（2008年8月28日）

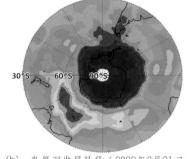

(b) 臭氧洞发展阶段（2008年9月21日）

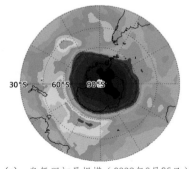

(c) 臭氧洞初具规模（2008年9月26日）

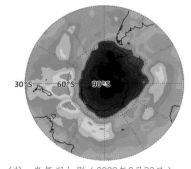

(d) 臭氧洞加剧（2008年9月30日）

<100　125　150　175　200　225　250　275　300　325　350　375　400　425　450　475　>500　DU①

"风云三号"A星监测南极臭氧洞的发生和发展

① DU，Dobson unit，用来度量大气中臭氧柱尺度的单位

"风云三号"掌握的数据对世界各地的用户都是开放的，这是新一代极轨气象卫星的国际胸怀和对世界气象事业的贡献。目前，它们传回的数据可以通过国家气象信息中心互联网获取，也可以通过专门的数据系统进行分发，如中国气象局使用的数字视频技术广播（DVBS），一般的用户只要有比较廉价的接收终端都可以收得到。针对一些研究人员、研究院所或者高校专门从事科学研究的这些气象业务上的用户，研究人员还提供了专门的数据服务器，用户注册后就可以对"风云三号"的数据进行定制。对于一些特殊的用户，因为"风云三号"的数据量比较大，通过一般的手段可能会比较慢，特别是通过网络去获取。

在"风云三号"身上完成了部分技术跨越：单载荷变为多载荷探测；仪器最高空间分辨率从千米级(1.1千米)提升到百米级(250米)，在800千米的高空也能分辨出地面上的高速公路；观测能力从简单的平面成像发展成垂直立体探测；地面系统接收能力从国内拓展到海外。

"风云三号"的任务有：为天气预报，特别是中期数值天气预报，提供全球的温、湿、云辐射等气象参数；监测大范围自然灾害和生态环境；研究全球环境变化，探索全球气候变化规律，并为气候诊断和预测提供所需的地球物理参数；为军事气象和航空、航海等专业气象服务，提供全球及地区的气象信息。

"风云三号"首次实现了中国气象卫星的全球、全天候、三维和定量化探测。最重要的作用之一就是针对全球气候进行精准的监测。现代意义的天气预报，实际上是利用大型计算机"计算"出天气。若要计算机算出精准的结果，就必须告诉它整个大气层的情况。"风云三号"正是中国气象工作者朝这个目标迈进的一大步，一出场因携带垂直探测仪而信心十足，它能探测到大气不同层面温度、湿度的变化，为中国的数值天气预报提供了更充分、详细的数据。

## 2. 奥运使者我担当（"风云三号"A星）

登上太空的"风云三号"A星正赶上汶川震后救援及重建，原来震区的地面气象观测设备受到破坏。本只是用作科学试验卫星的"风云三号"A星临危受命，开始对整个汶川地区天气状况进行监测。

"风云三号"A星

接着北京奥运会开始，在奥帆赛开始前，它还监测到青岛的浒苔，并把漂流的路径提供给相关部门，使得工作人员及时采取措施拦截，保证奥帆赛及时进行。也是在奥运会期间，台风"凤凰""北冕""鹦鹉"先后影响我国，对在香港举行的马术比赛产生了不小的影响。于是它对可能影响香港的台风云系进行了跟踪监测，为预报人员准确预测台风影响范围、未来移动方向提供了可靠数据。奥运前夕，国际社会对北京的空气质量都普遍关注，"风云三号"A星没有忌讳自己试验星的地位，积极利用接收的数据反演北京的大气浓度，首次推出大气污染状况、城市气溶胶、太阳紫外辐射和城市热环境等精细化的环境监测分析产品。经过加工的卫星图片可以轻易地分清原始图像中颜色差异不大的雾、云、气溶胶等固体物质。专家通过这些监测资料，对 2008 年 8 月 1—9 日北京地区气溶胶浓度分布进行了分析，其结果显示：北京地区 8 月上旬气溶胶光学厚度平均

值为 0.6，光学厚度越大，气溶胶浓度越高，其中奥林匹克中心区所在的北部地区，气溶胶光学厚度在 0.4 以下。它发现，2008 年 8 月 1—9 日与 2007 年同期相比大气浓度降低了 40% 左右，证明了北京空气质量在奥运会期间的确在好转的事实，它用科学数据打消了很多国家运动员的顾虑，气象卫星为奥运期间北京空气质量明显改善提供了有利证据。

奥运会的举办对卫星气象服务来说是挑战也是契机。它对卫星气象服务提出精细化、高质量的要求。不断满足奥运气象服务需求的过程也是一个检验卫星服务水平、开发服务潜力的过程。奥运会是一场全世界广泛参与的盛会，中国气象卫星的气象监测和数据提供能力得到了极大的提高。同时，中国也积极奉行卫星数据开放的政策，让卫星事业发展获得的数据资料造福全人类。奥运会后，中国气象卫星继续在防灾减灾、应对气候变化等方面发挥巨大的作用。

## 3. 星座观测我成就（"风云三号"B星）

2011 年 5 月 26 日，国家国防科技工业局在京举行"风云三号"B星在轨交付仪式，卫星由研制部门中国航天科技集团公司正式交付给用户中国气象局。"风云三号"B星正式上岗标志着我国极轨气象卫星真正实现了升级换代，它和"风云三号"A

"风云三号"B星

星双星合璧，组网观测，使全球观测频次由 12 小时一次提高到 6 小时一次，监测时效提高一倍，亿万民众从中受益。气象卫星跨越发展达到了世界先进水平。

"风云三号"B星是我国第一次发射极轨气象卫星"下午星"，它的目标是完成整个"风云三号"系列的试验任务，实现气象卫星的星座观测。作为下午星与 A 星形成不同的时间窗，以实现"风云三号"上下午双星同时在轨运行的格局，达到每天 4 次全球资料覆盖的要求，给数值天气预报模式提供更多时次的卫星数据。"风云三

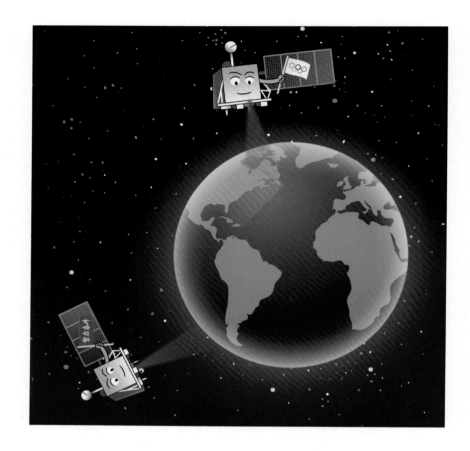

号"B星在卫星平台、有效荷载等方面总体上优于"风云三号"A星。B星发射成功并投入到实际业务使用中后，"风云三号"卫星在数值天气预报、行星尺度天气分析、中小尺度天气预报、台风定位与强度估算、地球生态与环境分析、全球气候变化的分析等应用领域中发挥了巨大作用。

## 4. 业务运行我当值（"风云三号"C 星）

"风云三号"A 星和 B 星作为"风云三号"系列的试验星，在轨运行期间工作状态稳定，数据质量良好，在实际应用中发挥了显著效益，但运行中也发现了一些问题，比如有些仪器没有达

"风云三号"C 星

到工作寿命即出现故障。作为正式登台的业务首发星，全新出场的 C 星继承了 A 星和 B 星核心遥感仪器技术。

**"风云三号"C 星的进步**　一是它带的探测仪器的性能提高了。二是它搭载了 12 台套遥感仪器，比哥哥们增带了 GPS 掩星探测仪，通过对掩星信号的分析可得到大气温、湿廓线的信息，该探测仪利用全球导航卫星的信号进行中高层大气探测，不仅能够利用全球定位系统（GPS），还可以利用我国自主研发的北斗卫星导航系统进行探测；微波载荷升级到二型，微波湿度计的通道从 5 个提升到 15 个，微波温度计的通道从 4 个提升到 13 个，探测大气的温湿廓线能力大幅提升。对此不好懂？那就以台风为例来解释一下吧。"风云三号"C 星的两个哥哥 A 星和 B 星很难探测到台风的暖心结构，而它可以看到台风内部，这对于气象工作者分析、研究台风的发生、发展、消亡过程作用很大，对暴雨等一些灾害性天气的观测也如此。地面应用系统的参数根据 C 星遥感载荷指标进行了更新，反演算法的系数也进行了优化，整个地面应用处理系统的算法和软件集成方面都有非常大的变化。

**"风云三号"C星的任务**　一是获得全球观测资料，为天气预报，特别是数值天气预报提供全球的大气温、湿廓线以及云、地表辐射等参数，提高预报的时效和准确率；二是与B星组成极轨观测星座，监测大范围气象灾害及其衍生灾害；三是结合前期诸多卫星观测资料，监测全球环境变化，为研究全球气候变化规律、气候诊断和预测提供地球物理参数；四是为航空、航海、农业、林业、海洋、水文等国民经济多领域提供全球及区域气象信息。

**"风云三号"C星的数据**　"风云三号"C星的海量数据被用活了，

涉及生态环境、气象灾害、气候变化、水文及海洋监测等领域。它用数据共享打出国际名片，很多发达国家的气象部门都主动与我国联系，共享"风云三号"C星提供的数据。欧洲、美洲许多国家接收和使用"风云三号"气象卫星数据，一些国家或组织还将数据应用于数值预报方面。美国和欧洲都向中国建议，希望发射 FY-3 晨昏星，与欧洲上午星、美国下午星组网，以取得更好的全球数据。

**"风云三号"C星的影响**　C星作为第二代极轨业务气象卫星的首发标志性明星，能让预报员更加清楚地看到台风、暴雨等系统内部的热力结构，对天气预报水平的提升有较大的贡献；接替 A 星，并与 B 星组网观测后，为数值预报模式提供更加稳定、优质，精度更高的数据和产品，在国际舞台上开始领跑。气象无国界，形成于欧洲的风几个小时就能吹到亚洲。气象卫星也正在消除国界，成为人类共有的一种资源。如今的 C 星，早已经走出了一味跟踪模仿的时代，正以自己的特色塑造大国卫星明星的形象和身份。毫不夸张地讲，它已达到国际先进水平，部分气象探测器处于领先地位。它进取的步伐不会停止，国际合作的精神也将传承下去。

## 5. 绿水青山我来鉴（"风云三号"D星）

2017 年 11 月 15 日 14 时 07 分，"风云三号"D星正式开机，首轨数据开始下传。12 月 8 日，国家卫星气象中心在广州站成功接收第一幅图并成功传

"风云三号"D星

"风云三号"D星第一幅图像（2017年12月8日，中分辨率光谱成像仪雷州半岛真彩色图像）

回地面。这是"风云三号"D星首轨可见光图。在这张即收即显示的3通道合成的真彩色图像上，能够清晰地看到广东上空大气的云信息，南海、雷州半岛等海洋和陆地信息，新丰江等局地信息也可清楚辨认，可谓绿水青山，卫星可鉴！

极轨系列中最年轻、本领最大的"风云三号"D星也成了国内首颗利用南极卫星数据接收站接收数据的对地遥感卫星。90%的全球观测数据都能从观测之时算起，80分钟内传回国内，星地数据传输速率提高了30%，计算能力提高了17.5倍，数据存储能力提高了近10倍。

目前，追星人正在对卫星平台、数据传输以及 10 个有效载荷的功能性能指标进行完整的在轨测试，并进行部分卫星反演产品生成和应用示范测试，预计这位明星不久将完成在轨测试并投入业务应用，那时的它会正式与 C 星形成上下午卫星组网观测布局，为观测世界风云变化做出贡献。

# 四、"风云二号"七姐妹（第一代静止卫星）

中文名："风云二号"A/B/C/D/E/F/G 星

英文名：FY-2A/B/C/D/E/F/G

娘家：航天八院

婆家：中国气象局

出发地：西昌卫星发射中心

居住地：太空，距赤道上空约 36000 千米的静止轨道

出生日：1997 年 6 月 10 日、2000 年 6 月 25 日、 2004 年 10 月 19 日、2006 年 12 月 8 日、2008 年 12 月 23 日、2012 年 1 月 13 日、2014 年 12 月 31 日

外貌：直径 2.1 米、高 1.606 米的圆柱体，总高度 4.376 米

姿态：自旋稳定

体重：约 1300 千克

语言：星地通电磁波

专业：观风测雨

观测功能：对我国周边亚太地区及大洋地区实现连续观测

擅长：在约 36000 千米处为地球和大气"把脉"

载荷：主要有卫星扫描辐射计和空间环境监测器

难忘事情：多星在轨，统筹运行，互为备份，适时加密

主要功能：一是利用卫星上安装的 3 通道（可见光、红外和水汽）扫描辐射计，获取白天可见光云图、昼夜红外云图和水汽分布图；二是通过卫星转发高分辨率数字展宽云图、低分辨率云图，供国内外中小规模利用站接收利用；三是卫星上的数据收集系统可以提供 133 个通道的数据传输，收集气象、水文和海洋等数据收集平台的监测数据，在 133 个通道中，有 100 个国内通道，33 个国际通道；四是利用卫星携带的空间环境监测器，监测太阳活动和卫星所处轨道的空间环境，为卫星工程和空间环境科学研究提供数据

"风云二号"系列是我国第一代静止气象卫星，到 2018 年初，共发射 7 颗，即"风云二号"A/B/C/D/E/F/G 星，其中两颗试验星（"风云二号"A/B 星），五颗业务星（"风云二号"C/D/E/F/G 星）。共三个批次：01 批包括 A，B 两颗试验卫星，02 批包括 C，D，E 三颗业务卫星，03 批包括 F，G，H 三颗业务卫星，H 星预计在 2018 年中发射。

前面的卫星八兄弟在地球上空约 900 千米高度处和太阳一起奔跑，围绕地球南北两极运行，生而俱来地拥有观测全球的本领，而众姐妹则都娴静地居住在地球赤道上空约 36000 千米的家，与地球自转保持同步，它们主要有两个特点：一是勤奋，观测频次高，平时每半小时就向地面发送一张云图；二是专一，对同一地方连续观测。"风云二号"姐妹开辟了中国静止气象卫星的历史先河。

"风云二号"有哪些技术特点呢？一是卫星载有多通道扫描辐射计，共有可见光（0.55~1.05 微米）、红外（10.5~12.5 微米）和水汽（6.3~7.6 微米）3 个通道。星下点分辨率可见光通道为 1.25 千米，红外和水汽通道为 5 千米。在赤道上空 36000 千米处实现这一指标，技术上的难度很大。首先要将扫描辐射计主镜的口径做到 0.41 米，主光学系统的焦距做到 3 米，这是我国焦距最长的一台星上遥感仪器。其次，为了实现这一指标，要求卫星具有极高的姿态稳定度，其短期稳定度在 0.6 秒内为 0.72 角秒（0.0002°），长期稳定度在 30 分内为 7.2 角秒（0.002°），为此采用了动平衡调整装置和液体被动章动阻尼器。二是自旋稳定，由于其圆柱体内部要装一台很大的扫描辐射计，远地点发动机只能安装在圆柱体外面，这时卫星形成细长体。为了防止卫星章动发散变为平旋，必须进行主动章动控制，增加了由加速度计、章控线路、推力器组成的主动章动控制系统。在远地点发动机点火以后进行第二次分离，卫星抛掉远地点发动机后又变为短粗体。三是"风云二号"能实时向地面传输原始云图和空间环境监测数据，是一颗既对地又对天观测的遥感卫星。卫星上有三台通信转发器，两台 S 转发器，一台 UHF/S 转发器。国家卫星气象中心所属指令和数据接收站，通过卫星向各气象台站广播展宽云图、低分辨率云图，并且接收转发 133 个通道数万个数据收集平台的测量数据，因而它也是一颗专用通信卫星。四是星上有两套测控系统，一套是 C 频段的工程测控系统，另一套是 S 频段的业务测控系统。它靠位于北京的指令和数据接收站以及位于广州、乌鲁木齐、墨尔本的测距副站进行遥测、遥控、跟踪、定位。"风云二号"是我国首次在静止轨道上使用 S 频段测控和通过三点测距进行定位的一代卫星。

### 1. 不幸夭折大姐大（"风云二号" 01 星）

1994 年 4 月 7 日，即将成为我国第一颗静止气象卫星的大姐大"风云二号"01星在发射前的模拟测试过程发生意外，未能登上太空舞台。"胎死腹中"的大姐大带来了静止气象卫星成功发射前三年的沉寂。

"风云二号" 01 星

### 2. 体弱多病两姐妹（"风云二号" A/B 星）

十年艰辛，一朝梦圆。1997 年 6 月 10 日大姐 A 星终于带着大姐大 01 星的飞天梦登上了赤道上空 36000 千米的舞台。卫星进入准同步轨道以后，6 月 17 日被安排住到东经 105°的地球同步轨道，自旋稳定，设计寿命 3 年。1997 年 7 月 21 日获取第一张可见光云图。

"风云二号" A 星

登上舞台后接下来的疑问是，大姐带了那么多道具过去能否正常演出。于是由中国气象局负责，航天工业总公司、八院、五院、中国科学院上海技术物理研究所、电子工业部 39 所联合对它进行了为期几个月的严格在轨测试。一百多个日日夜夜，造星人和追星人心情起起落落，终于在众人期待的目光中，10 月 25 日，在轨测试正式结束。除了扫描辐射计步进时对卫星转速影响较大，需要找出一个跟踪速度快、误差小的工作方式来适应卫星和星蚀期间太阳对图像的干扰以外，整个系统达到了预定目标。实现了图像获取、云图广播、数据收集、空间环境监测功能。大姐

"风云二号" A 星第一幅可见光图像（1997 年 7 月 21 日）

和地面系统匹配良好，数据传输正常，测控正常。扫描的图像清晰、层次丰富，人们的疑虑随着在轨测试的结束而消失，大姐的舞台剧开始正式上演。1997 年 12 月 1 日正式交付用户国家卫星气象中心，运控中心对卫星实行业务运行控制，这也是国内第一次尝试由用户自己对卫星进行运行控制与管理。

然而，大姐由于身体基础弱，演出了 3 个月左右就感觉累得不行了，只能间歇性工作，每天工作 6~8 小时之后就必须休息。

2000 年 6 月 25 日，我国在西昌卫星发射中心用"长征三号"运载火箭成功发射"风云二号"B 星，7 月 3 日定点于东经 105°赤道上空，卫星工作正常。"风云二号"B 星是我国第一代静止气象卫星"风云二号"中的第二颗试验卫星，并于 7 月 6 日成功获取第一张原始云图。姿态为自旋稳定，只有一个 3 通道扫描辐射计，设计寿命 3 年。

"风云二号"B 星

"风云二号"B 星第一幅可见光图像（2000 年 7 月 6 日）

　　B 星发射上去之后，运行时间比 A 星稍长，演出了不到 8 个月，因星上有一个部件开始出毛病，卫星转发下来的信号比正常情况下衰减很多，接收起来非常困难，被迫停止。就像极轨一对兄弟试验星一样，这对姐妹试验星身体素质也不够健壮，大姐因消旋天线故障没有达到设计工作寿命，二姐虽克服了消旋天线故障但下行信道信噪比降低并且扫描辐射仪在观测南半球时，运动部件摩擦力增加，在每年的春分日和秋分日前后各 45 天的星蚀期间里不能向地面传递观测资料。星途短暂！

074

　　这对姐妹花的试验运行给后续姐妹们积累了大量的太空舞台经验。研制部门对暴露出的问题进行了认真的会诊分析研究，地面系统几乎是令人不可思议地把航天部本来已经准备放弃的 B 星恢复了过来，直到完成它的 3 年寿命，国家卫星气象中心利用 B 星发下的观测数据研究了定量处理算法，解决了数据处理中重要的关键技术，提高了数据定量处理的水平和运行的可靠性。特别是在 2003 年和 2004 年汛期，日本 GMS–5 气象卫星停止工作的情况下，B 星还为我国广大的气象台站和国际用户提供了有效的云图服务。

　　2006 年 6 月，中国气象局和航天八院组织中国科学院上海技术物理研究所及相关单位技术人员，对 A 星和 B 星进行了离轨前测试。为后续星的研制与在轨管理积累数据与经验。测试表明，B 星在轨 6 年，可见、红外、水汽 3 通道图像依然清晰；焦面位置正确，调焦功能良好；地面控制从北半球观测切换为全球扫描，扫描功能正常，还可获取全景地球圆盘图。A 星在轨 9 年，3 个通道的全球圆盘图像依然清晰，层次丰富；调焦功能良好；通道参数良好，辐冷器的二级冷块的温度为 100.4 开。

与"风云一号"的研制历程一样，"风云二号"第一批次的 A/B 试验星都胜任了"先驱"的角色。回望风云卫星发展历史，正是四颗试验卫星在人们心头久久挥之不去的痛，为我国极轨和静止气象卫星的研制和技术积累了经验；也正是这些痛，时时刻刻激励着气象卫星科技工作者以更加"严、慎、细、实"的工作态度投入到卫星的研制和应用中。这两颗试验星暴露出的问题给后续的"风云二号"气象卫星积累了经验，包括空间环境。卫星运行的环境数据很多都是在卫星运行过程中逐渐暴露的，然后科研人员经过分析研究和大量的地面模拟试验，再拿出解决办法。面对这项高投入、高技术、高风险、高回报的工作，科研人员不能有半点马虎。

## 3. 在轨互备双组网（"风云二号" C/D 星）

2004 年 10 月 19 日和 2006 年 12 月 8 日，三姐、四姐相继登上太空舞台，中国首次实现了"双星运行、互为备份"的模式。由于在轨静止卫星当时的不可维护性，难免有在轨故障或者失效。组织一颗卫星发射需要很长时间，如果天上只有单星执行任务，突然坏了业务

"风云二号"C 星      "风云二号"D 星

就要中断了。所以四姐忙着上天不是仅为了和三姐做伴，它的重要作用是实现和三姐的相互在轨备份，这种备份从空间上看，两星相距一定距离可以扩大监测范围，从时间上看，还可以缩短观测周期。

**三姑娘的技能和贡献**　经过 256 项技术改进，三姑娘登上舞台5 天后定位在东经 105°赤道上空，10 天后的 10 月 29 日 11 时 25分传回第一幅可见光图像，一个月后的 11 月 20 日晚上，打开了另外 4 个红外通道，观测夜幕下的美丽家园，顺利获取了第一幅完整的红外、水汽圆盘图像。专家评测后认为，第一幅红外、水汽图像

"风云二号" C 星第一幅可见光图像（2004 年 10 月 29 日）

清晰，层次丰富，动态范围满足要求，杂散光较试验卫星有明显改善。

"风云二号" C 星新增加的 3.5 ～ 4.0 微米热红外观测通道对高温热源的监视以及云识别等气象应用极为有用。它受大气中水汽影响小，与热红外通道组合可以取得精度更高的地表温度探测结果。利用该通道对高温目标敏感的特性，森林和草原火灾检测将更加准确。该通道还可以把雾和云、雨区分开，便于对雾进行监测。

至此，三姐的综合素质和寿命都达到了新的高度，真正实现了从彩排试验型向正式演出业务服务型的转变。它也迅速成为全球地球综合观测系统（GEOSS）的重要成员。2008 年 1 月 8 日，"风云二号" C 星及地面应用系统获得国家科技进步奖一等奖。

2006 年 12 月 8 日 08 时 53 分，四姑娘在西昌卫星发射中心乘"长征三号"甲运载火箭到了太空。火箭起飞约 24 分钟后，西安卫星测控中心及在太平洋上执行测控任务的"远望号"航天测量船报告，四姑娘已成功进入近地点 202 千米、远地点 36525 千米、赤道经度约东经 80° 的地球同步转移轨道。后经过一系列控制，最后定点于东经 86.5° 赤道上空。卫星研制部门根据三姑娘的舞台表现，对四姑娘进行了 24 项技术状态更改，技术状态更改合理、有效，提高了卫星在轨运行的可靠性。

**四姑娘的进步和亮点**　一是探测等主要性能优于 C 星，二是使用寿命优于 C 星。制约卫星使用寿命的一个重要因素是燃料，而卫星携带的燃料受制于原来的结构设计和装燃料的容器——肼瓶。这些都是不能轻易改动的，所以科技人员只能在结构不变、携带同样燃料的情况下，采取技术措施去延长卫星的工作寿命。怎样才能使四姑娘的设计寿命更长呢？技术人员想，如果卫星的轨道在发射初期处于负偏置，它将无须使用燃料推动，自行逐渐向正偏置变化，1 年

"风云二号"D星第一幅彩色合成图像（2007 年 1 月 12 日）

变化约 0.9°，那么采用使发射初期的轨道为较大的负偏置技术就能延长卫星的使用寿命。但是，负偏置角越大，图像配准的难度就越大。把卫星发射到负偏置可以依靠火箭完成，但地面应用系统必须能适应这样的负偏置才行。好在卫星中心的技术团队已经解决了图像配准这一世界性难题，并且在 C 星上做了验证。C 星的负偏置角打得不到 1°，D 星把负偏置角打到 2.5°。这样经过在轨测试和试运行，半年后自行变化到约 −2°。经过 3 年多运行，再做南北轨道控制，就可以节省不少燃料，卫星的工作寿命也就自然延长了。延长卫星的工作

寿命，不仅能提高卫星的使用效益，也使更长时间的双星观测成为可能。值得一提的是，"风云二号"D星保险费率创新低，中国气象局向保险公司支付了该星的保险费，其费率仅为16.19%（"风云一号"C星的保险费率为22%，"风云一号"D星为18.3%，"风云二号"C星为21%）。这与"风云二号"C星发射成功和稳定运行有很大关系，说明保险公司对风云卫星的信心倍增。

**姐妹在轨观测秀舞艺** 姐妹俩在舞台上同时俯瞰神州大地，首先是监测范围大了。它俩分别在东经105°和东经86.5°的赤道上空

与地球同步运行，这样观测范围向西扩展了 18.5°。而西部是我国天气系统的上游，寒潮、沙尘暴等气象灾害均源于西部，有任何风吹草动，卫星就可以更早地监测到，以便能更好地支持、服务于国家西部大开发战略。其次，时间分辨率提高了。两姐妹观测的范围大约有 80% 的重叠，而重叠区正好覆盖我国，重叠区观测的密度将成倍提高。在汛期观测模式下实现了每 15 分钟获取一幅云图。这对即将登陆的台风和短时强对流天气的观测等尤为重要。第三，能秀的"节目"明显多起来。比如，双星观测重叠区域动画画面更细腻，想到这，专家们说如果下颗星定点于东经 123.5°的赤道上空，我们甚至可以做云高的观测。

　　C 星、D 星的业务在同一计算机网络存储系统上运行。我们的系统是在保障 C 星业务运行的情况下，加载 D 星运行软件，由于系统的复杂性和关联性，稍有不慎，会给现在的业务带来不利影响。国家卫星气象中心为此做了大量行之有效的工作，先是仿真，然后逐渐加载软件，终于顺利实现了一个系统"跑"两颗星。

　　回顾三姐、四姐走过的路，作为静止姐妹家族里第一对业务组合，它俩 5+2，白 + 黑，节假不休、黑白不停地在高轨道岗位上兢兢业业，上演着一出出好戏，在一个个超强台风、一场场森林大火和众人关注的重大事件面前，在"神舟"系列飞船、"嫦娥"系列探月卫星发射及在轨运行等保障工作中，联手连续监测，启动加密，精准提供了各种地表、大气和空间环境信息，有效地保障了各项重大任务的圆满完成。

## 4. 顶替三姐挑大梁（"风云二号"E星）

2008 年 12 月 23 日 08 时 54 分，
五姑娘顺利进入预定轨道。

经过 63 天的在轨测试，2009 年 2
月 28 日，五姑娘在东经 123.5°的地方静
静地进入到在轨存储备份模式，随时准
备根据需要接替已超期"服役"的三姑娘。
在轨存储备份模式是首次尝试，是确保

"风云二号" E 星

气象卫星业务连续稳定的关键技术。作为"风云二号"气象卫星 02
批中的第三颗业务应用星和"风云二号"C 星、D 星的后续星，在
继续保持和继承 C 星、D 星技术状态的基础上，科研人员对包括改
善云图杂散辐射等 32 项必要技术进行了改进。第一次体检结果显现
可见光图像质量较 C 星、D 星略有提高，红外图像的杂散辐射相对
D 星减小 30% ~ 40%。2009 年 11 月 25 日，"风云二号"E 星成
功接管了三姑娘的业务任务。

"风云二号"C 星被五姑娘接管后漂移到原来五姑娘的位置，
2012 年退役后进入寿命末期在轨备份状态。2013 年初，彻底告别
在职生涯，在浩瀚的宇宙中默默观望着妹妹们的成长，为积累卫星
在轨数据、分析长期服役后卫星各分系统的性能、提高后续卫星可
靠性发挥余热。2013 年 10 月 16 日，广州气象卫星地面站出于"临
终关怀"，从北京卫星中心手里接管了早已进入暮年的三姑娘。
2014 年 3 月 4—7 日，三姑娘将满 10 岁，这对于设计寿命仅 3 年
的它来讲已很不容易，国家卫星气象中心和上海卫星工程研究所组
织有关研制单位，在广州气象卫星气象地面站对它进行了一次全面

"风云二号" E星第一幅彩色合成图像（2008年12月30日）

体检。体检结果表明，除燃料用尽、姿态偏离外，其他功能性指标完好。多通道扫描辐射计，探测二次电源，控制器，多路数据传输器，放大器，遥测遥控等主、备机及扫描步进设备、辐冷器等都还能工作。

"风云二号" 系列卫星副总设计师唐琪嘉对三姑娘诊断后出具了这样的意见："在6天的寿命末期在轨测试时间里，除探测分系统扫描辐射计A机可见光三、四通道，空间环境监视包及数据收集转发器失效外，其余各项功能指标基本正常。" 这次全面体检的结果，

对了解三姑娘长期运行以来的性能变化很有帮助，与发射之初的结果对比后，星体内部有效载荷材料的退化程度、星上温度对卫星寿命的影响对分析它的退化、老化规律很有意义。

2014年12月13日，因燃料用尽，在没有能量供给的情况下，三姑娘的生命走到尽头。专家们依依不舍地把它推送到更高的轨道上去，三姑娘也依依不舍地和地球、和曾一起奋斗的星迷们做了最后告别……

## 5. 无级变速任扫描（"风云二号"F 星）

2012 年 1 月 13 日，"风云二号"F 星（六姑娘）作为"风云二号"卫星 03 批的首发星在西昌卫星发射中心登上太空，这个小姑娘一登上舞台就显示出它的与众不同。

"风云二号"F 星

**眼睛更明亮**　F 星携带的扫描辐射计增加了光谱灵敏度限制框，主光路上增设"百叶窗"，阻挡非观测物可见光的干扰，抑制可见光的杂散光达 90%，这就像给近视又散光的人配了一副特别合适的眼镜，视力得到很大提升。

**耳朵更灵敏**　数据收集能力提高，F 星搭载了与国际先进水平同步的数据收集转发系统，可以将观测数据通过卫星转发至地面站。F 星每个频道数据传输的码速率由 100 bps 提高到 600 bps；带宽由每个频道 3000 赫兹升级为 750 赫兹，数据收集系统的利用率提高 18 倍以上。

**身体更健康**　为了提高使用效率，F 星的设计工作寿命由 02 批的 3 年提高到 4 年，一年之中可以有一半的时间根据需要来进行加密观测。寿命试验结果表明，F 星至少可以实现长达 9 年的加密工作状态。

**精神更抖擞**　F 星可以针对特定区域灵活地设定南北方向观测起止位置和进行任意次数的观测，从而使特定区域监测的时间分辨率由 30 分钟提高至 6 分钟，可与欧洲静止气象卫星区域观测能力相媲美。

**思路更清晰**　先进的空间环境探测器是 F 星重要载荷之一。它对太阳 X 射线、高能质子、高能电子和高能重粒子流量的多能段监测，已用于空间天气监测、预报和预警业务中。

**后援更有力**　地面应用系统由一个数据处理服务中心和四个地面站组成。为提高应急备份能力，在广州建立了指令控制、数据接收和处理备份系统。

在舞台上，六姑娘的拿手好戏是"区域扫描"，因为姐姐们扫描一幅全圆盘图像需 30 分钟左右，这样对追踪台风、暴雨等快速变

"风云二号"F 星第一幅彩色合成图像（2012 年 2 月 6 日）

化的天气精细化观测有些力不从心。科学家们利用已退役的"风云二号"C 星开展了实际区域观测的大型试验后，首次借六姑娘的身手实现了我国静止气象卫星区域观测业务 6 分钟高时效观测产品的生成，并利用区域观测图像定姿、卫星姿态预报、粗精姿态关系模型的综合区域观测图像定位算法，实现了区域观测模式卫星姿态的精确确定和区域观测图像的精确定位，使热带气旋 24 小时路径预报误差从 2012 年的 91 千米提高到 2013 年的 82 千米。

F 星发射后，"风云二号"D 星、E 星、F 星的业务运行模式就成为 D 星和 E 星组网进行业务观测，F 星根据需要开展区域加密观测。"风云二号"姐妹群形成了"多星在轨，统筹运行，互为备份，适时加密"的业务格局。

### 6. 精度提高寿命延（"风云二号"G 星）

"风云二号"G 星

2014 年 12 月 31 日 09 时 02 分，备受关注的"风二家族"又添了个妹妹——"七姑娘"。它定点于东经 99.5°赤道上空，作为"风云二号"03 批第二颗业务应用卫星，2015 年 4 月 29 日 G 星正式交付。它搭载的有效载荷和之前的六姑娘一致，但进行了三方面技术改进，包括进一步降低

了由视场外地球目标引起的红外杂散辐射，进一步增加了黑体观测频次，进一步提高了后光路中主要光学部件的温度遥测分辨率。风二家族进一步扩大，有效保障了我国静止轨道观测业务的连续性，保障了"多星在轨、统筹运行、互为备份、适时加密"，进一步提升了对灾害性天气的监测能力。

# 五、"风云四号"小精灵（第二代静止卫星）

### 1. 飒爽英姿登舞台（"风云四号"A星）

算上胎死腹中的大姐大，风四小精灵可以说是"九儿"了，2016年12月11日00时11分04秒，新一代静止气象卫星老大，也是目前静止卫星系列最小的妹妹"风云四号"A星搭乘着"长征三号"乙遥42火箭成功进入太空。几天后，它抵达了东

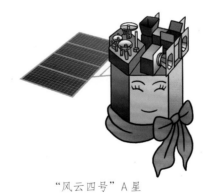

"风云四号"A星

经99.5°约36000千米的赤道上空，和许多国内外静止轨道卫星姐妹成为邻居。"风云四号"A星这个小妹妹生命旺盛如熟了的红高粱，红满了天。

"风云四号"A星颠覆了人们以往对静止卫星娴静的认知，还

没登上舞台前关于它的消息就满世界飞，这个高调的明星，骨子里透着豪爽和霸道。它在太空几个月的表演给了我们无限的遐想。无疑它就是这个时代的代表，注定成为中国气象卫星事业的一个传奇！

中文名："风云四号"A 星

英文名：FY–4A

娘家：航天八院

婆家：中国气象局

出发地：西昌卫星发射中心

居住地：太空，距赤道上空约 36000 千米的静止轨道

出生日：2016 年 12 月 11 日

外貌：六面柱体构型，对地面大、质心低，单翅膀

体重：约 5400 千克

语言：星地通电磁波

专业：观云测雨

擅长：给大气做"CT"（计算机断层扫描），快速抓拍闪电

姿态：三轴稳定

设计寿命：7 年

最新的工具：世界首个静止轨道干涉式大气垂直探测仪、闪电成像仪

最自豪的事：所有的核心技术都是中国自主研发

难忘事情：隆重首秀

## 2. 迷之自信能力来（"风云四号"A 星）

风四小妹迷之自信从何而来？又是谁给了它傲娇的本钱？下面为你一一揭开。

**新的平台令其精力充沛**　在 7 年的设计寿命期内，小妹"九儿"需要接受每天 24 小时、共计 2555 天全天候上岗的考验，不能有丝毫懈怠，也不能请"病事假"，科学家们温馨地给它量身定制了一个角秒级测量和控制精度的高轨三轴稳定卫星平台——SAST5000平台，这个平台采用六面柱体构型、单太阳翼、三轴稳定控制，双总线体制、高性能 AOS 技术、大功率电源、整星防静电、整星防污染等一系列关键技术，实现了小妹可以一眼不眨地对地球 24 小时"凝视"。 SpaceWire 和高低速总线相结合的模式突破了静止轨道气象卫星大数据量传输的瓶颈，让它的心脏（卫星数据管理和数据处理的核心部件：数管计算机和数据处理器）保持泵血活力，将大量数据流及时传回地面，在关键时刻不堵塞，不卡壳，"身体素质"真是棒棒的。

**新的技术令其明察秋毫**　高精度的图像定位与配准技术让小妹可以从万里高空精准地看到地球上的河流山川、陆地海洋，并在拼

接图像时做到零误差。实现了卫星图像导航配准精度"1像元"的目标，也就是说，九儿可以在36000千米高空对地球拍照而把误差控制在1千米之内，这个技术特别牛，简直比孙悟空还厉害。

**垂探道具搬上天**　小妹最牛的地方不仅在于它带着先进的观测仪器和平台上了天，更在于它将干涉式大气垂直探测仪这种对观测环境要求极为严苛的仪器也带上去了，在国际上首次同时实现二维成像观测和大气垂直分层三维观测，这个功能在国外需两颗星才能实现。在这颗星上，国内率先实现了振源隔振装置和有效载荷隔振装置的工程化，使卫星平台对敏感载荷的振动干扰降低到0.1毫克（大家用手轻轻击桌面的振动量约为300毫克）。这相当于把地面的隔振平台直接搬到了太空。原来"风云二号"使用自旋稳定，卫星转一圈仪器只有 1/18 的时间能面对地球，而"风云四号"使用三轴稳定，始终面向地球，对地观测效率从 5% 提高到 85%。

您说，有了这些世界领先技术和道具加身，这个小妹能不自信吗？

### 3. 世界领先魅力现（"风云四号"A 星）

小妹九儿置身国际静止气象卫星一流队伍，和欧美国家的静止气象卫星并跑，有些技能还具有领跑的实力，这些主要源于它携带的杀手锏道具——干涉式大气垂直探测仪。这个探测仪是国际上首个在静止轨道上以红外高光谱干涉分光方式探测大气垂直结构的精密遥感仪器，有 1600 多个探测通道，不同通道对不同高度大气的红外辐射感知有差异，就像 CT 切片一样，把晴空大气在垂直方向上

"风云四号"A 星静止轨道干涉式大气垂直探测仪扫描模式示意图

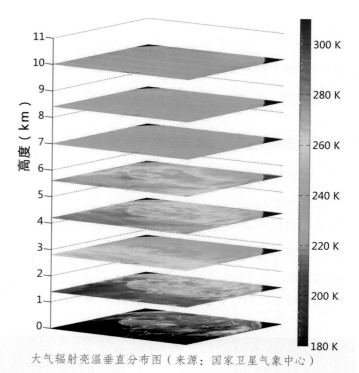

大气辐射亮温垂直分布图（来源：国家卫星气象中心）

进行切层，获得大气垂直方向上的精细数据。说九儿是"能给大气做CT的明星"一点不假，当大气垂直运动剧烈变化时，它能摸清大气垂直运动的"脉搏"，推算出大气温、湿度的三维结构和大气不稳定指数，提前5~6小时就抓住强对流的影子，及时对强对流天气的发生、发展做出判断。在卫星垂直探测仪应用之前，全国100多个探空站每天上下午定时施放探空气球，带着无线电探空仪的探空气球从地面缓缓上升至30~40千米的高空中，从而获得不同高度的气温、气压、空气湿度等气象数据，但在没有人的偏远陆地和海洋就无法操作了。有了卫星垂直探测技术，理论上使气象卫星在世界任何地方收集大气垂直资料成为可能，对于亟待进一步提高的精细化预报来说无疑是雪中送炭。

**千里眼——辐射成像仪**　一提起太空上有卫星之眼，大家可能就会联想，它能看清我居住的地方吗？其实作为一颗气象卫星，Ａ星九儿最关心的拍摄对象就是大气。云图的清晰度总是人们议论的话题。九儿的可见光最高分辨率达 500 米，和两年多前发射的"风云三号"小哥哥的 250 米分辨率相比，妹妹距离地球表面是"风云三号"40 多倍远的距离，得到仅差一倍的分辨率图像，真是名副其实的千里眼。三轴稳定的设计就像把相机放在三角架上，九儿可以24 小时凝视地球，完成一幅圆盘图观测仅用 15 分钟。它还可以灵活地对想要观测的区域进行一分钟高频次连拍。如果某个区域有突发天气状况，需要马上获取当地云图，"风云四号"Ａ星只要一分钟就可以扫出一张区域图像。但如果姿态有一点点变化，获取图像时就会无可奈何地差之千里了，所以，姿态控制对于静止气象卫星来说非常关键。

**首次使用全新防抖的 SAST5000 平台**　在九儿身上，专家们采用力矩补偿技术、星地一体化图像导航与配准技术和整星隔震系统，实现了两台大载荷同时工作，四大载荷和谐相处，解决了世界性难题。比较世界上同期同类卫星，"风云四号"Ａ星抢了两个世界第一，即首次装载了静止轨道高光谱红外探测仪和单颗卫星上装载仪器最多；一个世界第二，即闪电成像仪比美国搭载上静止卫星晚了不到一个月。这些都倚仗这个定力非凡的好平台。

由于卫星上的仪器和活动部件非常多，如太阳能帆板要转动，姿态控制的轮子要转动，观测仪器扫描镜要工作……所有这些都会对卫星平台和其他载荷产生姿态上的干扰，如垂直探测仪实际上是一种迈克尔逊干涉仪，通过动镜相对运动与定镜之间产生光程差来产生干涉，只要有一点点扰动、一点点晃动，光谱就乱了，根本形

成不了干涉。但控制卫星不晃动太难了！为避免载荷之间相互干扰导致谁也干不了活儿的情况，有的国家把两个载荷分装于两颗卫星上，虽说这确实是一种解决方案，但如果能让载荷之间和谐共处，能额外获得两个收益：一方面，辐射成像仪进行高时空分辨率成像观测的同时，静止轨道干涉式红外探测仪可以对大气进行垂直探测；另一方面，少发射一颗卫星可节约一笔很大的资金，风四小妹妹就做到了这点。

**闪电成像仪——会抓闪电的小精灵**　闪电成像仪为亚太地区首次研制发射，一秒钟能拍摄 500 张闪电图，实现强对流天气的监测和跟踪，预警闪电灾害。闪电是发生在大气中的一种瞬时放电现象，其活动和暴雨、台风、冰雹等强对流天气系统有着密切的关联。这些强对流天气具有强度大、破坏力强、水平尺度小、生命史短等特点，强对流天气往往都伴随着强烈而密集的闪电，因而闪电成像仪也被人们称作是强对流天气的示踪器。然而抓闪电可不那么简单。闪电持续时间很短，比人类眨眼的速度还快。静止轨道闪电成像仪可对我国及周边区域的闪电频次和强度进行探测。对闪电 500 次 / 秒 的 实 时、连续观测数据与云图叠加起来，就能实现对强对流天气的监测与跟踪，进而发出闪电灾害预警。

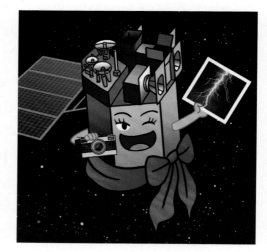

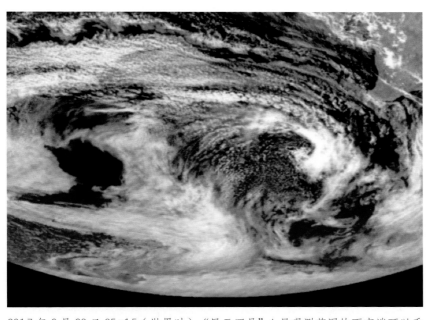

2017 年 2 月 20 日 05：15（世界时）"风云四号"A 星观测范围的西南端可以看到澳大利亚的全境，此时澳大利亚北部正受到气旋风暴云系的影响（来源：国家卫星气象中心）

**监视器——空间天气仪器包**　空间天气仪可对地球同步轨道的带电粒子辐射和磁场环境进行实时监测，具备监测太阳活动和空间环境的能力，探测通道数量和探测精度都很高。空间天气仪器包包括高能粒子探测器、三轴磁通门磁强计、卫星辐照计量仪与充电电位测量仪，探测卫星轨道上来自不同方向的高能质子和高能电子的流量和能谱、三维矢量空间磁场强度、由空间带电粒子辐射引起的卫星表面充电（差异值和绝对值）、深层充电和辐射剂量等卫星效应。空间天气预报员可以据此开展空间天气预报和预警，有助于增加对近地空间环境的认识，促进对地球磁场与太阳风相互作用的理解，提高空间天气的研究和应用水平。

### 4. 隆重首秀难忘怀（"风云四号"A星）

2017年2月27日，铿锵玫瑰"风云四号"A星获得的首批图像和数据正式亮相。一出场就引起轰动，大批传媒人闻讯而来，想知道这些图像和数据是如何诞生的。

从"风云四号"A星传回的云图上，我们能直观地看到陆地、海洋、湖泊、积雪、气旋风暴、云系等信息，层次丰富、纹理清晰。

看似简单的一幅图，获取可真不是一件容易事。首先要根据应用需要，周密安排卫星工作计划，通过地面站对卫星发送观测命令，

"风云四号"A星第一幅彩色合成图像（2017年2月20日）

卫星才能准确及时地探测到关注区域的海量观测信息，并传回到地面站。为快速发挥气象应用效益，还需对数据进行一系列的定标和定位预处理工作，生成一级数据。在生成一级数据的基础上，通过一系列的科学算法，提取各种地球物理参数，生成研究或服务用的"二级产品"和"三级产品"，基于这些产品，预报员就可以准确了解天气状况了。

　　第一批数据出来是九儿和地面系统工作的开始。业务化运行后，海量信息将从这条成熟的流水线上源源不断地产出。

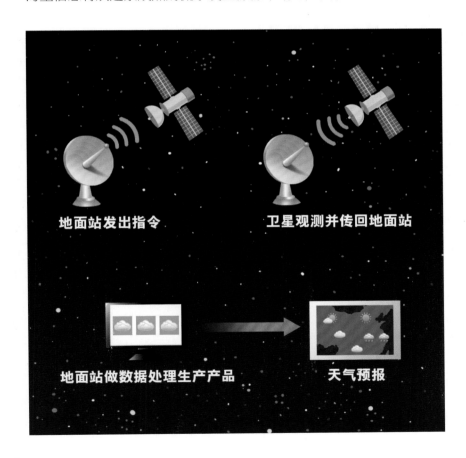

地面站发出指令　　　　　卫星观测并传回地面站

地面站做数据处理生产产品　　　　　天气预报

首秀表现出色意味着什么？一是意味着卫星与地面应用系统技术状态良好、工作正常；二是意味着卫星与地面应用系统的总体设计方案正确；三是意味着我国具有自主知识产权的三轴稳定工作体系下的图像导航和配准技术，已经获得了突破；四是说明这些数据在地面预处理的算法是正确的。

"风云四号"A 星既可以为全球观测系统的发展做出贡献，也将增加中国在相关国际活动中的话语权。

# 六、卫星好友们

航天系统可是一项超复杂的系统工程哦，在航天系统中，卫星必须和造星人、追星人及一起奋斗的好朋友们密切配合才能协同工作。把每个兄弟姐妹送上太空舞台并健康快乐地为人类服务可不是简单的事，这其中离不开发射基地、运载火箭、测控系统、地面系统等的鼎力相助。下面分别听听气象卫星明星好友们的自述吧。

## 1. 发射基地——卫星从这飞向太空舞台

我是卫星发射基地，通常情况下，卫星们在到达太空舞台献艺前，需要在我这里进行为期大约 40 天左右的集训。这段时间里，卫星们要在它们各自的测试大厅进行装配和测试。进过测试大厅的人都知道那里条件可好了，装着大功率空气调节器，以保证卫星所需的恒温、恒湿，出来进去大厅的人都要全身包裹，戴上口罩，进去前还要进行消毒，以保持大厅洁净度。在确保明星携带设备与地面设备匹配的同时，还要解决测试中出现的问题，装配测试合格后，还要对运送明星的火箭实施燃料加注,把它们喂得饱饱的,以满足卫星顺利入轨、保持姿态和正常运行的动力需要,确保航天器无故障、无牵挂到达天上舞台。

在发射区建有多个发射塔架。塔上的工作平台可以 180° 旋转,塔顶上的吊车用来完成火箭、卫星的起竖、对接和吊装;塔底有一个支撑火箭的发射台和一个能耐高温、高速气流冲刷的导流槽。

我这里的一切都关系到卫星发射的成功与失败。火箭、卫星在发射区测试合格后,视天气情况再根据卫星的入轨窗口,决定是否加注燃料,待命发射。

目前,国内有酒泉、西昌、太原、文昌四大卫星发射中心。

酒泉卫星发射中心是中国建设最早、规模最大的运载火箭和卫星综合发射场,被誉为"中国航天第一港",主要用于返回式卫星和神舟系列飞船。西昌卫星发射中心主要用于地球同步卫星和嫦娥工程,自 1984 年第一颗试验通信卫星发射以来,成功发射了几十颗卫星。太原卫星发射中心是"长征二号""长征四号"运载火箭发射的试验场,能发射大型运载火箭和中型运载火箭,并可将卫星送入太阳同步轨道。文昌卫星发射中心是我国第四大航天发射中心,是新一代运载火箭和新型航天器理想的发射场地。

目前,和风云气象卫星结成同窗好友的是太原(基地甲)和西昌(基地乙)卫星发射中心。

**基地甲**　我是太原卫星发射中心,1967 年在山西省太原市西北的高原地区诞生,我拥有火箭和卫星测试厂房、设备处理间、发射设施、飞行跟踪及安全控制设施。具备多射向、多轨道、远射程和高精度测量的能力,中国所有的极轨气象卫星兄弟们都从这里起飞,1988 年 9 月 7 日和 1990 年 9 月 3 日,"长征四号"甲运载火箭在

我这里成功地将中国第一颗（"风云一号"A 星）和第二颗（"风云一号"B 星）气象卫星两兄弟送入太阳同步轨道（SSO）。1999年 5 月 10 日和 2002 年 5 月 15 日，"长征四号"乙运载火箭成功地在我这里将"风云一号"C/D 星送入太阳同步轨道。2008 年 5 月27 日、2010 年 11 月 5 日、2013 年 9 月 23 日和 2017 年 11 月 15 日，"长征四号"丙运载火箭又成功地在我这将"风云三号"A/B/C/D 星送入轨道。

**基地乙**　我是西昌卫星发射中心，1970 年在四川省西昌市西北约 60 千米大凉山峡谷腹地诞生。中心由总部、发射场、通信总站、指挥控制中心和三个跟踪测量站，以及其他一些相关的生活保障（医院、宾馆等）单位组成。主要担负广播、通信和气象等地球同步轨道（GTO）卫星发射的组织指挥、测试发射、主动段测量、安全控制、数据处理、信息传递、气象保障、残骸回收、试验技术研究等任务。航天专家说，我具有几大"天然发射场"的优势条件：一是纬度低（北纬 28.2°），海拔高（1500 米），发射倾角好，地空距离短，既

可充分利用地球自转的离心力，又可缩短地面到卫星轨道的距离，从而增加火箭的有效负荷；二是峡谷地形好，地质结构坚实，海拔1857米，有利于发射场的总体布局，对地面发射设施、技术设备及跟踪测量、通信的布网有利，能满足多个发射场的建设；三是"发射窗口"好，这里年平均气温18℃，是全国气候变化最小的地区之一，日照多达320天，几乎没有雾天，试验周期和允许发射的时间多。总之这里纬度低、海拔高、云雾少、无污染、空气透明度高的特点让我有机会和中国所有静止气象卫星靓丽的姐妹们亲密接触，到2018年初，我已在每年10月至次年6月的最佳季节及最佳场合，用"长征三号"火箭把风云静止气象卫星八个姐妹送到了36000千米外的太空。

## 2. 运载火箭——送明星登上太空舞台的使者

我国的运载火箭"长征"系列是由上海航天技术研究院、中国运载火箭技术研究院等研制的，第一枚火箭诞生于1970年4月24日，名为"长征一号"，首次成功发射了"东方红一号"卫星。最近大家最关注的是"胖五"（长征五号），它在"长征"系列火箭中排行第17，是"长征"家族中的套马汉子，运载能力威武雄壮。

风云气象明星都是由"长征三号"和"长征四号"送上舞台的。"风云一号"和"风云三号"八兄弟乘坐"长征四号"系列运载火箭到太空看风云变幻，"风云二号"和"风云四号"八姐妹乘坐"长征三号"系列运载火箭离开地球去观风测雨。

我被生产出来后，先要在卫星基地火箭测试中心接受严格的测试，不合格是不能上岗的哦。大家看看我和风云明星的接触记录就知道我们的关系紧密程度了。下表是我送风云明星到太空的记录。

运载火箭携风云气象卫星发射记录

| 运载火箭 | 发射日期 | 载荷 | 轨道 | 地点 | 结果 |
|---|---|---|---|---|---|
| "长征四号"甲 | 1988-09-07 | "风云一号"A星 | SSO | 太原 | 成功 |
| "长征四号"甲 | 1990-09-03 | "风云一号"B星 | SSO | 太原 | 成功 |
| "长征三号" | 1997-06-10 | "风云二号"A星 | GTO | 西昌 | 成功 |
| "长征四号"乙 | 1999-05-10 | "风云一号"C星 | SSO | 太原 | 成功 |
| "长征三号" | 2000-06-25 | "风云二号"B星 | GTO | 西昌 | 成功 |
| "长征四号"乙 | 2002-05-15 | "风云一号"D星 | SSO | 太原 | 成功 |
| "长征三号"甲 | 2004-10-19 | "风云二号"C星 | GTO | 西昌 | 成功 |
| "长征三号"甲 | 2006-12-08 | "风云二号"D星 | GTO | 西昌 | 成功 |
| "长征四号"丙 | 2008-05-27 | "风云三号"A星 | SSO | 太原 | 成功 |
| "长征三号"甲 | 2008-12-23 | "风云二号"E星 | GTO | 西昌 | 成功 |
| "长征四号"丙 | 2010-11-05 | "风云三号"B星 | SSO | 太原 | 成功 |
| "长征三号"甲 | 2012-01-13 | "风云二号"F星 | GTO | 西昌 | 成功 |
| "长征四号"丙 | 2013-09-23 | "风云三号"C星 | SSO | 太原 | 成功 |
| "长征三号"甲 | 2014-12-31 | "风云二号"G星 | GTO | 西昌 | 成功 |
| "长征三号"乙 | 2016-12-11 | "风云四号"A星 | GTO | 西昌 | 成功 |
| "长征四号"丙 | 2017-11-15 | "风云三号"D星 | SSO | 太原 | 成功 |

## 延伸阅读：为什么有些火箭带捆?

　　下图是长征系列运载火箭家族成员，细心的你一定发现它们有的带捆，有的不带捆，这是为什么呢？这还得从火箭推力说起。

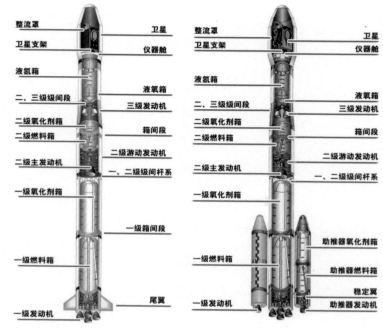

"长征三号"甲火箭结构示意图　　　"长征三号"丙火箭结构示意图

　　运载火箭脱胎于弹道导弹，它不像导弹一样关注射击精度、反应速度，而特别关心运载能力和控制精度。由于地球引力、大气阻力及火箭自身的结构等，单级火箭很难将卫星、飞船等重量级航天乘客送入预定轨道。于是科学家们就将几枚单级火箭像糖葫芦一样连成串儿，让它们通过自下而上逐级燃烧脱掉的接力方式将卫星送上天。但如果太多级火箭就会太长，于是随着人类向深空走得越来越远，人们就把火箭向横向发展，在其周围捆绑一圈小火箭，通常称为助推器。中间串联的多级火箭叫作芯级。助推器与芯级的第一级并联，在工作时可以助推器先、芯级后，也可以是二者同时。带捆的火箭变得强悍起来，可容纳更多推进剂，送更重的航天器上天。2018年2月6日美国太空探索技术公司（SpaceX）研制的两级液体重型运载火箭"猎鹰重型"首飞成功，它的运载能力近地轨道（LEO）、地球同步轨道（GTO）分别达到63.8吨和26.7吨。

　　我国自"长二捆"之后，包括"长三乙""长三丙""长五""长七"，以及即将研制的"长九"在内，多数运载火箭家族的兄弟们都采用了捆绑技术。

### 火箭吃什么？

　　火箭口味比较单一，它的"胃"就是燃料贮箱，里面要装满燃料才能工作。

　　细心的小伙伴一定注意到，从"长征一号"到"长征四号"，使用的燃料均为偏二甲肼，而氧化剂有硝酸、四氧化二氮。这些物质被称为常规推进剂，具有能够自燃等优点，可以方便地长期保存在地面和天上。不过，常规推进剂具有很强的腐蚀性，一旦火箭错过发射窗口，就不得不更换箭体。

燃料

此外，常规推进剂还伴有毒性，1990 年，在一次抢修"长二捆"的过程中，就曾发生过四氧化二氮泄漏导致十余名科研人员中毒伤亡的惨痛案例。当然，除了腐蚀性与毒性，常规推进剂最致命的弱点便是比冲小，运载能力低，难以帮助我们从近地迈向深空。

现在"长征五号"一出生就喝无毒的液氢与液氧了。液氢与液氧通过火箭发动机燃烧，会产生无毒无害的水蒸气，同时产生巨大的推力，把火箭推送到更深远的外太空。

## 火箭的"心脏"——发动机

火箭发动机就是火箭的心脏，它是由飞行器自带推进剂（能源）、不需利用外界空气的喷气发动机。它可以在稠密大气层以外空间工作，能源在火箭发动机内转化为工质（工作介质）的动能，形成高速射流而产生推力。火箭的心脏在航天发展中占有举足轻重的作用，根据推进剂（包括燃料和氧化剂）的不同，常见的火箭发动机一般可分为固体火箭发动机和液体火箭发动机。和固体发动机相比，液体发动机结构非常复杂，发射前的准备工作也异常烦琐，但由于其具有工作时间长、比冲大、推力易于控制、可重复启动等优点，被世界各国运载火箭广泛采用，我国自然也不例外。

## 火箭是怎样组装出来的

在长征火箭的总装测试厂房，可以看到火箭被分段平放在地面上。整流罩、内部的火箭发动机与燃料贮箱也是其中的一段。

巨大的燃料贮箱是用来装液氢与液氧的，它并不是整体成形，而是一片一片焊接起来的，犹如搭积木一样，装配工人钻进巨大的燃料贮箱进行工作，他们靠自己的双手拼接起了"长征火箭"，也支撑起了大国的崛起！但在生产线上，怎样才能发现燃料贮箱有没有泄露是个关键技术问题。使用 X 射线天生就有的透视眼扫描焊缝寻找泄露点是方法一，方法二是将整个燃料贮箱里充满氦气，然后用氦质谱仪器在焊缝周围扫描，如果测量到氦元素，则说明有氦气从燃料贮箱里跑出来了，因为大气中是没有氦气的。

### 火箭发射前的测试

火箭不像汽车，可以在实际道路行驶过程中测试它的各种性能。对火箭性能的测试只能在模拟实验室里进行。在这里，可以进行火箭的动态的测试，通过给火箭输入不同频率的振动来模拟火箭的特性。通俗一点说，就是如果你在火箭飞行过程中踢火箭一脚，火箭会做出什么反应。这个需要在地面模拟实验室里得到相应的数据，然后找出答案。

109

## 3. 测控系统——卫星的"监护人"

秦岭脚下每天都会有一串串电波指令飞向太空，这些指令来自西安卫星测控中心。自 1967 年 6 月 23 日第一根天线架起，1970年对我国第一颗人造地球卫星"东方红一号"进行测控后，它现在同期管理着一百多颗近地卫星和地球同步轨道卫星。作为卫星监护人，测控中心肩膀上的责任可不轻，卫星上天后能否正常运转，卫星能否在发生故障的情况下及时得到抢修，对卫星能否实现精确的测控与管理，发射升空的卫星失去联络能否被重新拉回来，都跟这个监护人有关。它的存在价值体现在不但让卫星在轨道上正常工作，

而且能让一颗忽然偏离轨道的卫星"迷途知返",让姿态失控的卫星恢复正常。卫星上天后,它就负责与卫星联络,平时它既要时刻对卫星进行跟踪测量,又要接收并处理卫星发回的数据,对卫星进行控制,还要对在轨卫星进行长期的运行管理,对卫星发射和在轨运行实施全过程监控。如果遇到卫星失去控制或出了故障还要及时进行有效救治。

风云明星兄弟和明星姐妹有不同的监护人。监控极轨气象卫星兄弟们时,测控系统甲在西安卫星测控中心值班;监控静止气象卫星姐妹们时,测控系统乙在国家卫星气象中心值班。万一卫星有什么三长两短或调皮捣蛋都要及时救治或严加管教。你看它像不像卫星的医生兼家长?

 ## 延伸阅读：能让卫星翻跟斗吗？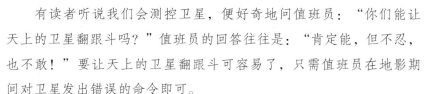

有读者听说我们会测控卫星，便好奇地问值班员："你们能让天上的卫星翻跟斗吗？"值班员的回答往往是："肯定能，但不忍，也不敢！"要让天上的卫星翻跟斗可容易了，只需值班员在地影期间对卫星发出错误的命令即可。

地影期间？什么是地影？试着想想人影是怎么回事就不难理解地影了。大家都知道我们每个人都能在阳光的照射下，在地面投射出人影吧，地球本身也有影子，地影是地球本身投射在大气层上的影子。这种大气现象有时在一天中可以看见两次，分别在日出之后和日落之前。如果我们把这个地球的影子延长，到达人造卫星的轨道高度，这个影子还存在吗？答案是肯定的。

在卫星导航及精密定轨中，地影指太阳、地球和卫星运行至几乎同一平面时，受地球遮挡，卫星星体不能接收到太阳光线照射并感知太阳位置的现象。

地影发生的时刻和持续时间与卫星的定点位置、轨道倾角有关。对于静止卫星来说，一年会有两次地影期，固定出现在太阳运行到赤道附近的每年春分、秋分前后约 23 天的凌晨，一年有 90 多天。

为什么静止卫星一年有两次地影期呢？因为地球自转形成的赤道面与绕太阳公转形成的轨道面之间存在一个 23.5° 的夹角，因此，每年太阳会在 3 月 21 日左右（春分）及 9 月 23 日左右（秋分）时经过地球赤道上空。静止卫星位于离地球赤道上空约 36000 千米的轨道位置上，与地球保持同步转动。因此，每年春分和秋分前后，在卫星地球站所在地的每天午夜前后，卫星、地球和太阳处在一条直线上。地球挡住了阳光，卫星进入地球的阴影区，这个现象称为星蚀。假如此时能站在卫星上，就能够看到"天狗食日"的日食奇观。

地影对人体不构成危害，但对卫星的探测控制、工作性能和效率、寿命等具有重要影响。地影造成太阳无法照射到星上太阳能电池帆板，从而导致卫星能源不足，各部件温度发生变化。地影期成为卫星出现故障的高发期。因为在地影期，由于没有阳光，卫星温度会发生变化，太阳能电池阵暂停供电，太阳参考方向丢失，卫星能源转由蓄电池组供电。我们需要关闭部分有效载荷，以满足卫星平台的能源需求。同时还要严密监视能源系统的工作状态，对卫星温控策略进行调整，并对卫星敏感器件进行抗干扰保护。如果没做好防护，发错指令，就可能让卫星翻跟斗了。说起来轻松，值班员听到读者问这样的问题可是超级紧张啊！

### 4.地面系统——卫星作品集散地

我是中国气象卫星地面系统，1987年建成时包括一个资料处理中心（国家卫星气象中心，简称"50"）和三个地面站（北京站简称"51"、广州站简称"52"、乌鲁木齐站简称"53"），地面系统主要由接收系统、通信系统、计算机系统、时间统一勤务系统、电力系统组成。

（1）极轨气象卫星地面系统

2008年，随着新一代极轨气象卫星的发射成功，佳木斯卫星地面站建成并开始投入使用。2012年9月21日，"风云三号"气象卫星应用系统一期工程数据接收系统国外高纬度北极站建设项目通过验收，这个位于瑞典基律纳的北极站成功建立并运行，与国内北京站、广州站、乌鲁木齐站、佳木斯站和国家卫星气象中心正式形成气象卫星地面接收处理系统"五站一中心"的格局。"风云三号"D星发射成功后，喀什站和南极站也投入了运行。

**地面站选址**　地面站通常选在远离市区、避免高大障碍物遮挡和电磁波干扰的地方。天线主波束的方向前方空旷，以防天线产生的高频电波影响周边。地面站主体建筑一般由天线和中央控制室及保障室等组成。主体建筑、辅助用房和生活用房均按功能分区布置。天线基础设计要求很严：地基要足够厚实以保证使用上的高精度要求；中央控制室需设空调，一般室温要求冬季在 20 ℃以上，夏季低于 25 ℃，相对湿度不大于 70 %，要做隔震、吸声、防雷、防静电处理等。

**接收系统**　每个地面站都有相应卫星信息的接收设备，天线口径一般 3~20 米，可通过程序、自动和手动三种方式对卫星进行跟踪，可接收实时和延时卫星资料，也可兼容接收美国等其他国家卫星资料。

113

**通信系统**　早期，广州站和乌鲁木齐站与北京处理中心之间的通信由微波线路承担，中期由 VSAT 通信系统承担（包括高速通道，由两站向中心传送所接收的卫星资料（码速率 1.3308 Mbps），也包括低速数字和话路通道）。现在地面站与处理中心之间的通信由光缆系统承担。

**计算机系统**　地面系统的计算机系统随着计算机技术的发展不断变化，早期主要由 1/S 小型机承担工作，后来主要由微机和工作站组成。处理中心的计算机系统由原来的集中式系统改为功能分布式系统，存储方式也从磁带库（STK9360）到光盘库（HPJuKebox600fx）、再到磁盘阵列不断演化。

**时间统一勤务系统**　长期以来，世界各国都以英国格林尼治天文台的时间作为通用的标准时间。人们把这个时间称为"格林尼治

114

时间"，或叫"世界时"。这种以地球自转为基础的时标，把一个"平太阳日"均分成 86400 份，每一份算作 1 天文秒（或 1 平太阳秒）。由于地球不是一个以固定的速度旋转的刚性实体，大气层、海洋和液态内核都有相对于地球整体的独立运动，这些运动造成的摩擦力会干扰地球自转速度的均匀，使之偶尔出现变速现象。这样，平太阳秒对于要求精密计量的领域（如火箭、卫星、导弹的发射工作和航天器的对接工作等）就远远满足不了需要了。

1956 年，科学家们利用物质的分子和原子内部的某种有规律的运动，制成了新型的计时仪器——原子钟。其中以铯原子钟的准确度最高，它的稳定性要比前面提到的天文秒高 10 万倍以上。由于"原子时"计时精确，所以在无线电、原子技术及空间技术方面都被广泛采用。原子时与由天文秒组成的世界时之间还是存在着一定的时间差值，不便于在天文预测、航海和航空领域使用；同时，人们的日常起居作息也只与世界时有关。因此，为协调各方面的关系，1972 年，国际计量大会决定对世界时的时刻做一些调整，以分别满足不同层次的需求。

现在卫星信号接收已经开始用 GPS 授时系统了，GPS 授时精度高，具有自我复位能力，在干扰系统出错时能自动恢复正常工作，随着网络时钟同步技术的不断发展，对接收、通信等系统进行时间高精度同步变得不再困难。

**电力系统**　因为气象卫星 24 小时不休息的特性，要求供电也是不间断的。供电设计可靠性要求高，除具备两路外线市电电源和一路备用电源外，还要有自动切换装置或确保交流电不间断的电源设备，遇到市电双路停电的情况，不间断电源 UPS 会保证业务供电连续。另外，各个地面站还有自己的电站，电站里一般有两台柴油发电机，遇到市电不能短时间恢复、UPS又不能支撑很长的情况下，柴油发电机就马上工作，以保证整个地面系统的运行。

经过40多年的发展，目前，中国气象卫星地面系统已经发展成为"1+5+2"（国家卫星气象中心 + 北京、广州、乌鲁木齐、佳木斯、喀什 + 北极、南极）的观测系统。卫星在太空表演，国内、国际有无数双眼睛望着它们，地面系统的工作必须脚踏实地才行。因为这个系统太复杂、太庞大了。九千九百九十九个成功加一个失败，都可能意味着失败。

广州气象卫星地面站

## （2）静止气象卫星地面系统

静止气象卫星地面系统又是怎么工作，有什么特点呢？"风云二号"地面系统是由指令和数据接收站、系统运行控制中心、资料处理中心、应用服务中心、计算机网络及存储系统、用户利用站等技术系统组成的。卫星发射成功后，一个实质性的问题——卫星能否顺利投入使用——就摆在人们面前，图像获取、云图广播、数据收集、空间环境监测等全部业务功能都实现了才能说卫星可投入使用，这个含20米天线，54个大型机柜和大、中、小型计算机，光缆通信的全自动运行的大型电子系统是当年难度最大的系统，加上"风云二号"由国家卫星气象中心运控中心对卫星实行业务运行控制，也是第一次由用户自己对卫星进行运行控制与管理。历时近四年，参与工程建设的科研人员超过1200人。

"风云四号"地面系统由九个技术系统组成，分别为数据获取和测控系统（DTS）、任务管理与控制系统（MCS）、定位与配准系统（NRS）、定标与真实性检验系统（CVS）、产品生成系统（PGS）、计算机网络系统（CNS）、数据服务系统（DSS）、应用示范系统（ADS）、空间天气系统（SWS）。它在星地一体化运行控制、高精度导航与配准、高精度辐射与光谱定标、大气温度和湿度廓线反演等关键技术上取得了重要突破。以FusionSphere云平台为核心的云资源池，将服务器物理方式部署升级为云化部署，并利用基于OpenStack的云计算、SDN等成熟先进的技术，大大提升了批量处理和的运维管理效率，满足了资源弹性伸缩和资源按需分配的需求。假如我们把这个地面系统比作卫星产品的搬运机器人，那么这位小哥的特点便跃于纸上，即取货快、加工精、送货快，像一个不知疲倦的优秀"搬运师"。

**取货快**　这个搬运机器人每天对"风云四号"卫星发送的指令可达 5000 条以上，而以前"风云二号"每天接收的指令仅 100 多条。多载荷、高时效、全通道的"风云四号"传回的数据是"风云二号"的 160 倍，每天需要处理的数据量达到 4.2 TB。面对如此庞大的数据，整体处理效率还是提升一倍以上。以定量产品生成为例，"风云二号"从接收完观测数据到 28 个产品完全生成，需要 25 分钟左右，而"风云四号"完成全部 56 种定量产品仅需 12 分钟左右。这样的速度得益于系统创新性地将数据整合到一个资源池内进行计算，使其整体的数据处理能力大幅度提升。

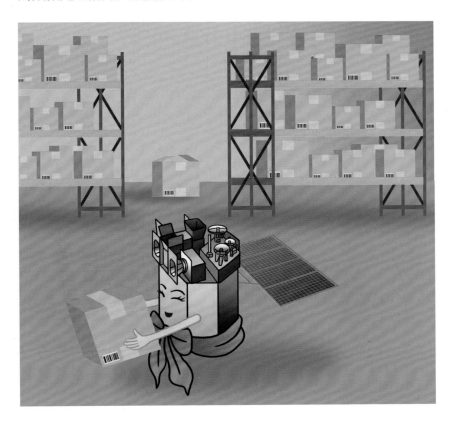

**加工精**　"风云四号"蕴藏的信息量很大。其中，所搭载的傅里叶干涉分光红外探测仪探测通道可达 1648 个，给大气做"CT"能得到大气不同高度的垂直观测数据。数据要确保用得准，地面系统就要对卫星数据进行精加工。

精到什么程度？风云系列卫星的数据质量一直在不断提高，其定标精度，也就是误差范围，从 2°~3°提高到 1°~2°，再到现在"风云四号"的 0.5°。精准的数据接收确保了具有宝贵应用价值的各类产品的生成。

送货快　乘着云数据的东风，"风云四号"利用公有云实现卫星数据的实时传输，通过公有云分发卫星实时数据，可充分利用公有云的带宽优势，实现数据的高效定制化推送。"快递小哥"集存档与共享功能为一体，具有PB级容量的CIMISS卫星数据资源池，卫星数据可直达国家级业务单位业务系统或用户个人桌面，用户可直接本地化分析使用海量卫星数据，无需数据搬家。CIMISS卫星数据资源池能够保存统一编目的长序列历史资料，还能实时发布最新生产数据。"快递小哥"广播系统分发能力是上一代的28倍。

第三篇　看家本领逐一数

2003年的淮河特大洪涝灾害,2006年的大兴安岭特大森林大火,2006年的北京特强沙尘暴,2008年初的低温雨雪冰冻天气,2010年5—7月长江中下游地区暴雨洪涝,2013年台风"尤特"给广东渔业带来的重创,2014年横扫海南、广东、广西的台风"威马逊"……每一场灾害都在考验着人类的应对能力,每一次,高悬天际的气象卫星都帮了我们的大忙。

气象卫星到底能做多少事?气象卫星有四大任务:一是为日常的天气预报收集温度、湿度、降水等信息;二是监测大范围气象灾害及其衍生灾害和生态环境变化,如台风、暴雨、干旱、冰雪面积、大雾笼罩区、受灾范围等;三是监测全球环境变化,为气候诊断和预测提供依据;四是为航天、航空、航海、农业、林业、海洋、水文等领域提供全球及区域的气象信息。牛吧?大家都知道,我国是世界上自然灾害严重的国家,在各类自然灾害中,气象灾害占70%以上,每年造成的经济损失约占国内生产总值的1%~3%。在应对气象灾害时,气象卫星厥功至伟,是我国民用遥感卫星中效益发挥最好、应用范围最广、投入产出效益比超过1∶40的卫星,除了服务中国,它还是造福全人类的工具。我国业务系列气象卫星已经全部纳入世界气象组织卫星观测网,接收和利用风云卫星资料的国家和地区有90多个。

# 一、 跳出地球看地球

大家记得这句耳熟能详的诗句吧,"不识庐山真面目,只缘身在此山中"。自从人造卫星上天以后,在中国家喻户晓的千里眼传说不再是一个神话，整个地球表面和大气已完全处于太空中卫星的监视下。人们识得地球真面目，是缘于卫星在太空中的站岗放哨。

月亮作为地球的天然卫星，平衡地球自转，稳定地轴，控制潮汐，人类社会也流传着很多关于月亮的美丽传说，然而人造卫星的魅力远不止传说这么简单，虽然仰望浩瀚夜空我们看到繁星点点闪耀，看不到中国气象卫星的身影，但它们就在那里时刻监测着全球的风云变幻，日夜预报着每天的阴晴冷暖。这些个头不大但本领却不小的气象卫星奥秘何在？

## 1. 千里眼——站得高，看得远

它们不受领土、领空、地理和气候条件限制，视野广阔。极轨卫星兄弟们站在离地球表面约 900 千米的地方，静止卫星姐妹们站在赤道上空约 36000 千米的高空，它们遥望地球和大气，实现全球范围的信息传递和交换。

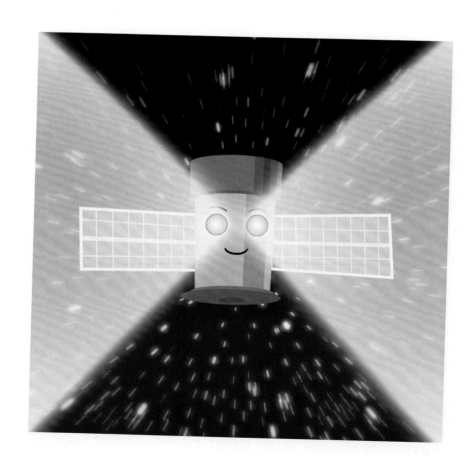

## 2. 顺风耳——飞得快，见识广

"坐地日行八万里，巡天遥看一千河。"极轨卫星绕地球两极转动，每绕地球一圈为 102 分钟，可监测任何地区，包括人迹罕至的原始森林、沙漠、深山、海洋和南北两极。静止气象卫星以和地球自转一样的速度在赤道上空和地球同步运转，可以观测地球表面三分之一的固定区域，实现持续不断的高频次观测，以捕捉到快速变化的天气系统。

### 3. 超级脑——脑筋快，身体棒

如果气象卫星没带任何设备上天，它就什么也看不到，什么也不明白；如果它搭载的设备不够精密，它可能就是个"近视眼"，看到的地球和大气不够清晰，辨别不出细节；如果带上了高精尖的设备，它就相当于有了强大的心脏和超级大脑，就能替你观云测天，追风赶雨，帮助人类探索风云变幻。

# 二、观云识天懂气象

## 1. 观云识天报天气

　　气象卫星兄弟姐妹们带着各种仪器对地球和大气不停地拍照，碰到重大天气过程，还会开启"CT"扫描。结果就生产出大量的卫星云图（如可见光的、红外的、水汽的），全球风云变幻尽收眼底，下面就跟着每天中央和地方电视台天气预报节目中出现的卫星云图一起观云识天吧。

　　下图是静止卫星妹妹拍摄的可见光云图，上面主要有白、绿、蓝三种颜色，这几种颜色各有什么含义呢？白色即地球上空的云层，

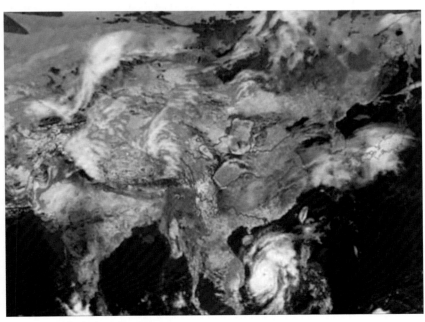

"风云二号"气象卫星云图

白色越浓表示云层越厚，云顶越高，在云层覆盖和即将覆盖的地方，可能会出现阴雨，甚至冰雹、台风。不过要注意，寒冷地区如喜马拉雅山脉上空也呈白色，这白色代表的是积雪哦；绿色部分当然表示的是陆地啦，不过陆地上不可能全是绿色，所以还是被处理了一下；蓝色（或黑色）则代表海洋。这么一说，在图上你就能看得出几大洲几大洋了，但仅仅看懂颜色还不行，既然是云图，主要还是看云。

作为天气喜怒哀乐的"脸谱"，云不仅能反映出当时的天气，还能预示天气的变化。云高、云厚、云量都是天气监测和预报的重要内容。各种天气系统在云图照片上的表现形式不同。127 页的气象卫星云图中海南岛南侧那个台风，呈螺旋形旋转的巨大云团，中间的黑点就是台风眼，即台风中心。不同时刻的云图会显示它以每小时数十千米的运行速度向我国沿海袭来的路径。通常在卫星云图上，云的识别可以根据以下六个方面进行：结构、范围、形状、色调、暗影和纹理。这样就能分辨出卷状云、层状云和积状云了。这些云都是很常见的，只要你平时留意一下天空，每一次你都会发现不同样貌的云。而渐渐认识这些云，你也会对卫星云图有更多的兴趣。

在洋面没有气象记录的岁月，即使沿海设置了气象雷达探测，海洋上生成的台风也难以监测到，台风靠近沿海时，其强弱、大小及移速移向等，就连气象专家也全然不知，何谈准确预报？所以从高空监视这些"不安分"的云就是天气云图一个很大的作用。当螺旋状云系呈"6"字形分布时，台风将北上；呈"9"字形分布时，在高空主导气流操纵下，台风将西行。正因有了卫星云图，台风生成之初就会被人们发现，因此，现代台风预报水平显著提高。

127 页的气象卫星云图中东北和西北方向的云带威力也不能小看，北边是西伯利亚，再北就是北冰洋了，西北边是贝加尔湖，夏天也非常凉快。那里的冷空气全年都南下，冬天就是寒流，夏天就是冷涡。冬天冷空气南下声势大，是气团；到夏天气团就收敛成了一个细长的冷空气柱。这个细长的空气柱我们称之为冷涡。这气柱被沿途的暖气团托举着、挤压着，冷气柱底端不时着地，就像个弹簧人似的，一蹦一蹦地南下，同时它不断旋转，然后不断有一股股冷空气被甩出来，激发强对流。就像一个装满水的杯子，不停转，不停洒出水来，大雨、暴雨、雷雨就这么下来了。冷涡坍塌、解体后，因为暖空气被搅乱了，所以阵雨、小雨还得下几天。如果这个冷涡非常强，出了东北继续南下、东进，就会到达朝鲜半岛和日本，在那里还得闹一阵。现在知道为什么我们国家到了春天很多强对流、到了汛期雨水那么多了吧。我国陆地大部分处在中、高纬度地区（大部分处于西风带），这部分地区高空气流的走向基本上是自西向东运动的，所以，我们每天看卫星云图，特别是在冬春季节，云系一般自西北向东南移动。我们可以根据本地所处的地理位置和云层的覆盖及运动情况，结合当地气象台站的天气预报，粗略地判断出近期大致的天气变化。

在广阔的海洋、高原、沙漠地区，气象资料十分稀少，卫星云图成为判断、识别天气系统的主要依据。西北太平洋上的热带对流层上部切变、西藏高原上空的低槽切变，以及阿拉伯海和孟加拉湾的云涌等重要天气系统都是卫星云图出现后提出来的。

目前，在日常天气分析中，卫星云图已成为必不可少的工具。

## 2. 台风难逃我手掌

　　自从有了风云卫星，只要有台风生成，卫星就会迅速捕捉到它的身影，然后密切跟踪它的移动，根据它和周围云系的融合程度判断其加强速度和移动路径。在气象卫星问世之前，我们想要如此清晰地掌握台风动向难如登天，因为所有台风都来自海洋，是常规气象观测的盲区。自从有了风云卫星，影响和登陆我国的台风无一漏网。利用风云卫星不仅可以发现台风的生成，还可以准确确定台风中心位置，估计台风强度，计算台风移向移速，综合各种资料预测台风登陆的时间、地点和登陆后可能造成的降水强度、范围。台风在卫星云图上表现为特有的涡旋状。对于云图上有眼的台风，云图定位的精度为 25 千米左右，达到了世界先进水平。

自从有了"风云二号"F 星，它 6 分钟扫描一次加上超级计算机测算分析，台风预测精度越来越高，台风跑一天预报误差不足 100 千米，而第二代气象卫星诞生后，台风的预报、监测都变得更精确。因为卫星携带的"CT"机能准确探测到台风的暖心结构，这对于预报员分析、研究台风的发生、发展、消亡过程至关重要。大家一定没忘记 2012 年的双台风"苏拉"和"达维"吧，两个台风一前一后、一南一北，相继向我国东南沿海逼近。网上盛传"达维"在江苏直接登陆的呼声很高，但凭着强大的观测手段，专家们硬是精确地预测出：台风最终会从江苏东北部连云港附近登陆并进入山东境内。还有 2017 年诡异的台风"天秤"，在海洋上反复折腾，

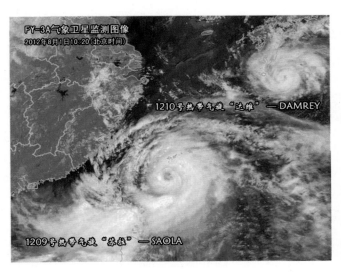

"风云三号"A 星监测图像

132

先是一路西行,登陆台湾,再到福建东南海面上,突然绕了一圈杀了个回马枪,在台湾以东海面重新向北进发,沿浙江和江苏海面北上到韩国登陆,这么复杂的路线同样被成功预测出来了。双星汛期加密观测,将观测时间间隔从原来的半小时缩短到 15 分钟,加上 F 星区域扫描 6 分钟观测,明显改进了台风定位和登陆预报结果,双星观测资料成为我国甚至东南亚地区天气预报人员预报台风时的重要观测资料。

### 3. 云图暴雨清晰辨

下暴雨的云反映在卫星云图上是稠密的白亮对流云团,属于中尺度天气系统。静止卫星云图是监视暴雨等中尺度系统的有效手段。

气象卫星强对流云团监测图像

凡 24 小时降雨量达到或超过 50.0 毫米的降雨为暴雨，其中又分为暴雨、大暴雨和特大暴雨三个等级，降雨量达 50.0~99.9 毫米的降雨为暴雨，100.0~249.9 毫米的降雨为大暴雨，250.0 毫米及以上的降雨为特大暴雨。

气象卫星可以从多角度监测中尺度暴雨，其中云导风、多层中尺度动力、热力场反演、云分类、云内相态分布以及降雨参数和下垫面特征的反演全方位展示了云团的发展特性。这些产品实现了利用卫星遥感反演出从大尺度到云尺度多空间尺度的监测目标，有的产品质量已达到在中尺度暴雨监测中应用的水平。同时，这些产品还能为中尺度数值模式的同化应用提供卫星遥感资料。

## 4. 热岛城市编火龙

在卫星云图上，城市热岛很容易被观察到。因为城市与郊区的地面设施截然不同，城市人口密集，活动频繁，汽车等各种消耗能源设施不停地散发大量热量，使城市的气温、湿度、环境及烟尘扩散与郊区截然不同，形成城市范围内特有的气候，气温和污染明显高于郊区。利用气象卫星遥感监测大城市热岛现象已被实践证明是可行和有效的，气象卫星观测时次多，现在每天可观测 10 次，观测范围广，观测周期及时间短，能长期连续观测，资料同步性好，观测值密度大，均匀性好，图像显示直观，易于分析。

例如，在广州，常规观测资料表明，火车站、天河体育中心、陈家祠等地周边以及北京路等地，气温要比其他地方高出一截，是广州城内的"小火炉"。

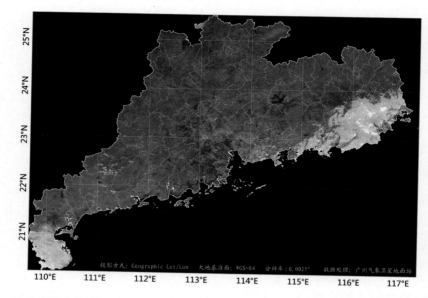

广东省城市热岛图（2014 年 10 月 4 日）

134

## 5. 极地冰雪裂消融

在全球气候变暖的情况下全球都在增温，"风云三号"提供给我们更多的一手资料。2008 年 7 月 16 日—8 月 17 日卫星监测到格陵兰岛北极地区海冰分裂的过程。我们可以看到，7 月 16 日，有一个南北超过 200 千米长的大冰块，如果在过去气温相对偏低的时候，这种块冰可能属于不解冻的，结果经过一个多月的连续监测，工作人员发现这个冰块在逐渐融化，而且崩裂了。这个过程就给科学家们提供了一个很好的事实，有助于研究气候变化对于结冰的影响。

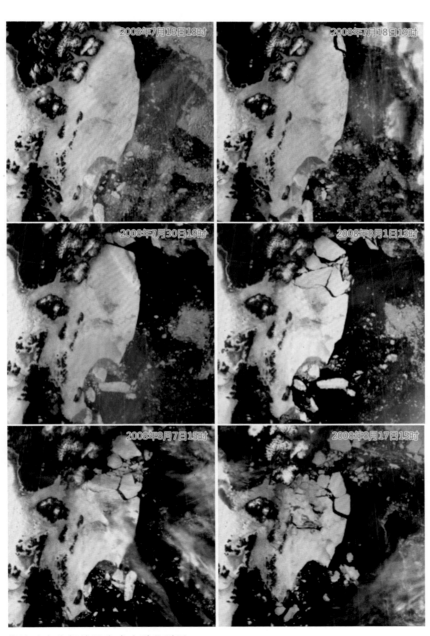

格陵兰岛北极地区海冰分裂监测图

# 三、生态环境我监控

## 1. 大兴安岭证火殇

1987 年 5 月 6 日，大兴安岭的 4 个林区发生火灾，大火整整燃烧了 28 天，101 万公顷的森林被吞噬，包括漠河西林吉镇的 9 个林场。这场新中国成立以来最严重的特大森林火灾被气象卫星记录下来。

当时，我国的风云卫星还没有发射，平时只能接收美国 NOAA 的卫星资料，右图就是我们收到的美国 NOAA 气象卫星监控的图像。在大兴安岭人烟稀少之地发生这么大的火灾，熊熊的大火和烟雾使飞机和其他观测手段均无法确定火灾的范围和强度。怎么办？工作人员首先从云图中发现火情并密切监测，及时向国务院汇报火情监测信息，为中央决策指挥提供了重要依据，为及时扑灭大兴安岭火灾做出了重要贡献。国务院领导评价说，卫星监测大范围火情是别的方法难以替代的。

话说回来，为什么气象卫星能看到森林火点？原来，气象卫星携带的探测仪器中有一个专门感应红外辐射的通道，对热源特别敏感，探测数据经计算机处理合成后显示为红色的火区、白色的云团、蓝色的烟雾、绿色的森林，而灰黑色是灭火后的痕迹。成功监测大兴安岭火灾后，气象卫星也获得了"森林卫士"的美称。

之后 30 多年的时间里，气象卫星一直监视着广袤的森林、草原，捕捉着森林、草原上的星星之火。在森林和草原火灾监测中，小到几亩的明火点，大到上万平方千米的火场，气象卫星都可以一览无余，大大减少了由于未能及时发现森林火情造成的森林资源损失和扑救

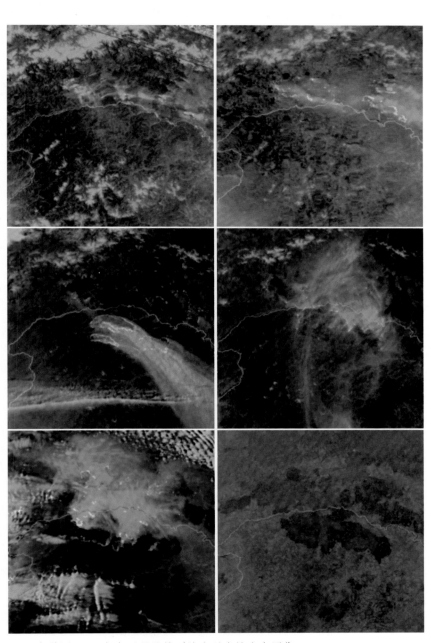

1987 年美国 NOAA 气象卫星监控到的大兴安岭大火图像

大火的人力物力损失，尤其是在 2006 年 5 月下旬东北大兴安岭地区发生的特大森林火灾。

如今，在我国的"风云二号""风云三号""风云四号"都在尽职地监测着全国的森林、草原，只要卫星发现火情，技术人员就第一时间提取火点、过火区等信息，生成火情监测图像、专题图像、火点信息列表等产品，及时向森林、草原防火部门和气象系统火险天气预报部门传送，为有关领导和业务人员了解火灾发展态势，制订防火、扑火决策，分析火险天气提供信息，除了森林防火部门，气象卫星相关产品也成为农业部草原火灾应急预案中草原火情信息的主要来源。

多年来，气象卫星平均每年提供约 15000 个各类火点信息给林业部门。每年夏季和秋季的主要作物收割季节，向环保监察部门提供对全国范围的作物秸秆焚烧监测信息，使环保部门从宏观上掌握各地焚烧秸秆情况有了可观依据。另外，在多年积累卫星遥感火点监测信息的基础上，开发了卫星遥感火险指数产品。30 多年来，卫星气象部门对国内和所有资料所及地区重大森林、草原火灾均进行了全过程的监测服务，多次为国务院提供重大火情监测信息，得到了肯定和好评。

## 2. 植被苍翠估产量

农业精细种植、作物分类以及农业气候区划，可借助气象卫星对地表的植被状况和土壤墒情等进行宏观、动态的遥感测量。近年来，由于全球气候变暖，我国干旱灾害频繁发生，已成为经济社会可持续发展的严重制约因素，卫星遥感在干旱监测方面有显著优势，

对相关部门防灾减灾决策十分重要。如2006年夏季四川盆地及重庆发生的严重旱灾中,气象卫星对旱情变化连续监测,对抗旱工作发挥了积极有效的作用。

## 3. 苍茫大地捕雾、霾

卫星遥感全方位监测区域大气污染可以快速反映区域PM2.5的空间分布和变化过程,能更宏观地从"面"上观测空气质量。每平方千米就能获取一组数据,这样的监测密度是普通地面监测站点不能覆盖的。不仅如此,遥感监测还可以实现气溶胶光学厚度(AOD)、颗粒物($PM_{10}$、$PM_{2.5}$)质量浓度、污染气体($SO_2$、$NO_2$、CO 等)

柱浓度的监测，而这些都是霾触发的重要物质来源，对于霾预测预警有着极大的作用。如果发现起沙源，监测中心就会根据沙尘迁移变化的实时遥感监测结合大气流场预判影响区域。

除了能让霾"无处可逃"外，气象卫星还可对建筑扬尘、平房燃煤、农业等面源进行高分卫星动态监测，为从区域尺度监管潜在污染源提供技术支持，极大提高了执法能力。利用不同特点的卫星数据，遥感监测还可以实现对区域林地、草地、耕地、湿地等监测。利用高分辨率的卫星传感器，遥感监测可以监控全北京的混凝土搅拌站和建筑裸地。

此外，卫星遥感监测通过对$PM_{2.5}$前体物$NO_2$、$SO_2$的遥感观测，

大雾监测

可动态监测和评估汽车尾气和工业燃煤排放在地区大气污染中的相对贡献，可为排放源控制、产业结构优化升级决策提供基本信息支持，为监管工作提供一手信息来源。甚至哪儿烧秸秆了，我们都能一目了然。

左图是 2008 年 5 月 17 日"风云一号"D 星监测到的河北唐山、秦皇岛及辽宁、渤海等地出现的大雾天气，陆地上的大雾直到午后才逐渐消散。

高速公路大雾、局地强降水引发的山体泥石流滑坡等会影响陆面交通，都要求气象卫星有更高的空间分辨率和时效。

### 4. 漫天黄沙辨尘暴

"黄沙直上白云间""大漠风尘日色昏"，这些古代边塞诗句描写的景观让我们在沙尘暴的侵扰下感受到了。2008 年 5 月 27 日 06 时 32 分，气象卫星监测到位于中蒙边境的沙尘区，监测显示内蒙古东南部、河北中北部、京津地区等地出现了大范围的沙尘天气，其中部分地区还出现了沙尘暴，部分沙尘区上空有云系覆盖。经估算，沙尘覆盖面积达 27.1 万平方千米。

气象卫星怎样监测沙尘暴？ 沙尘暴的形成必须有沙、尘和大风或上升气流等天气条件。现在主要是根据预报大风来推测沙尘暴的发生。气象卫星是监测沙尘暴的一种很有效的工具。我们知道，由于沙尘暴的时空分布和强度变化很不均匀，而沙尘暴的源头区如我国的西北气象台站稀少，设备比较落后，雷达、探空、自动气象站更少，气象观测资料严重不足，气象卫星观测范围广、次数多，从气象卫星资料中能提取沙尘天气的各种数据，有助于对沙尘暴发生、

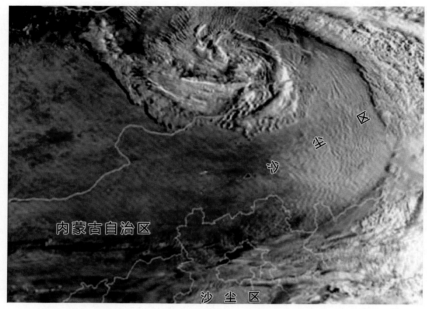

2008 年 5 月 27 日卫星监测到的中蒙边境沙尘区

发展和移动过程的理解。极轨气象卫星离地面约 900 千米，分辨率比较高，在同一地方每天发图 2 张。它探测地面对太阳光的反射特性，以推算出反射率，接收来自地面的热辐射。由于沙尘暴的顶端与某些低云的亮度温度很接近，在判别时容易混淆，所以要从反射率的不同上来判识。沙尘暴与裸露的地表在反射率上很接近，在判别时易混淆，要从二者在亮度温度上的明显差别来判识。静止气象卫星由于距离地球约 36000 千米，分辨率比极轨卫星低，但是它的观测次数多，成像范围大，能监测地球三分之一的面积，成为监测沙尘暴的最有力工具，现在国家卫星气象中心已实现自动监测，可以清楚地观测沙尘暴的动向。静止气象卫星利用红外分裂窗通道，找出沙尘与云、雾、雨、雪、霜、雨淞、雾淞等组成的水成云以及一些气溶胶的吸收和发射存在的差异，在一定程度上推断出大气的组成成分。静止气象卫星观测到的红外辐射由两部分组成，一部分由地表发射，经大气消光后到达卫星的红外辐射，另一部分是大气本身发射的红外辐射。当气溶胶光学厚度不是很大时，它的发射作用相对较弱，卫星感应到的就主要是地表发射辐射。由于气溶胶在两个分裂窗通道上的透过率存在差异，卫星探测到的亮度温度就产生了差异。通过亮度温度差异就可以反推出气溶胶的存在。分裂窗亮度温度差对沙尘性气溶胶很敏感，这就是分裂窗监测沙尘暴的基本原理。静止气象卫星还用光谱分类法来判别沙尘暴。当很强的扬沙或沙尘暴出现时，沙尘云会表现出特殊的光谱特征，利用这种特征就可以有效地识别沙尘云。在红外图像上，沙尘云与水成云都比地面明亮，但在可见光图像上水成云十分醒目，这就可以把水成云排除出去，剩下的就是沙尘云和薄卷云。静止气象卫星同样能从某些卷云与沙尘暴的亮度温度的差别上判断出沙尘暴。在水汽图像上，卷云看起来是白亮的，把这部分剔除出去，最后剩下的就是沙尘云。当然，在进行光谱分离之前，必须计算出太阳照射角度、沙尘云顶温度随季节变化的影响。静止气象卫星将分裂窗技术与光谱分类技术综合运用，就可以减少对沙尘暴的漏判和误判。气象卫星资料必须经过特殊的处理，包括地理定位、定标等复杂的处理，才能得出沙尘暴发生的地域、行进的路线，制成卫星遥感数字影像数据，提供给气象台做沙尘暴预报使用。

# 四、特殊技能显威风

## 1. 换岗搬家大漂移

（1）第一次搬家：三姑娘和五姑娘换岗了

2009 年 11 月 25 日 08 时，国家卫星气象中心运行控制室里，一张意义非凡的卫星图像面世，这是五姑娘"风云二号"E 星成功地从太空东经 123.5°漂移到东经 105°后收到的第一张业务图像，从此也正式接替了三姑娘"风云二号"C 星的工作。这是中国静止气象卫星史上首次成功实现静止气象卫星双星位置交换和业务接替！

　　"江山代有才人出，各领风骚数百年。"2009 年，在东经105°主业务卫星位置服役近 5 年的三姑娘已和四姑娘 D 星一起共事差不多 3 年了，对设计寿命仅有 3 年的三姑娘来说，在主力位置上已显疲态。为保证静止气象卫星业务队伍的活力（业务连续稳定和观测资料的连续性），2009 年 3 月，科学家根据五姑娘在轨测试显示出活力四射的竞技状态，开始考虑请五姑娘出山替代三姑娘打主力，为此五姑娘在备份位置也热身了好几个月。什么时候上场替换三姑娘成了科技工作者思考的问题，正像球场上的教练一样，他们在寻找合适时机让它们换岗。

　　把三姑娘从现有位置上换下来可不像球场换个队员那么简单，因为这两个姑娘相距好遥远，而且旅途险峻，搬家途中不仅会遇到很多卫星，同时也会遇到一些未知的碎片与垃圾。这些都是安全漂移中的路障。

　　8 月底主汛期结束时间恰好是静止卫星进入秋季地影的时间。为了保证"风云二号"双星地影期的安全，几经讨论，初步确定漂移计划在卫星完全出影后进行。根据相关专家测算，C、E 双星秋季出影的时间分别为 10 月 11 日和 10 月 21 日。

　　就这样，五姑娘最佳漂移时间敲定在 10 月 22 日。待五姑娘抵达预定位置定点成功并进行业务运行后，三姑娘再启动漂移去到备份位。漂移计划正常情况下按章行驶，万一碰到路障要能及时刹车。

　　10 月 22 日，五姑娘开始了漫长的太空"搬家旅行"。为减少卫星漂移过程中对其他卫星特别是轨道上主要的通信卫星干扰，它尽量使用 S 波段通信，关掉 C 波段转发器，只保留 C 波段的应答机正常工作，保证当 S 波段出现故障时，利用 C 波段仍可以对卫星进

行控制操作。虽说对通信好了，但自身的安全系数低了，有关技术人员必须时刻通过地面监控设备对卫星进行跟踪。同时，当双星之间达到一定角度时，也会出现同频波段干扰。为此，技术人员也进行了相关的处理工作，保证两星之间相互干扰时间最大不超过 15 小时。而一旦在广袤的太空中出现气象卫星被动漂移的现象，或者出现特殊气象条件下催生的特殊服务需求时，五姑娘就会加速漂移，尽可能减少业务中断。

经过 30 天漫长艰苦的漂移，五姑娘 11 月 22 日成功从东经123.5°漂移到东经 105°附近，并于 25 日与四姑娘一起进行双星组网观测。而三姑娘结束了和四姑娘姐妹合作的方式，友好地和五姑娘短暂相处后于 11 月 25 日 09 时启动漂移，这是三姑娘和五姑娘在太空第一次也是唯一一次近距离相遇。因身体状况不佳，三姑娘在 2010 年 1 月底才漂移到五姑娘原来待的后备位置，定点成功后退居二线，利用剩余燃料继续业务运行，发挥余热。

**（2）再次上演乾坤大挪移**

到了 2014 年，四姑娘 D 星自 2006 年 12 月 8 日成功发射以来，已在轨连续运行 8 年多，五姑娘也有 6 岁多了。此时虽然 D 星具备单星观测能力，但由于轨道倾角的变化等问题，已心有余而力不足，逐步失去进行双星观测形成动画云图的技术条件。E 星虽然超出使用寿命，但仍然是世界公认的静止气象卫星观测网的主要卫星之一。F 星虽然具有了灵活的区域观测功能，并可以根据需要承担区域加密观测任务，但由于它存在数据传输中断的问题，没有被安排为主业务星。G 星在轨测试表明它是 "风云二号" 在轨气象卫星中当时性能最好的卫星，已具备投入业务使用的能力。如此看来，D 星已不具备双星观测的能力，F 星承担机动区域加密观测任务是发挥其效益的最佳选择，G 星性能最好，是作为主业务星的首选。这样，接替 D 星的任务就落在 E 星身上，于是这四姐妹将重新布局，G 星漂移至东经 105°接替 E 星业务运行，E 星漂移至东经 86.5°接替 D 星业务运行，D 星漂移至东经 123.5°，F 星继续在东经 112°的位置。这个布局实现后，"风云二号"气象卫星将形成主汛期 G+E 双星加密观测运行，F 星继续发挥机动区域加密观测的优势，D 星就将退居二线了。

风二姐妹漂移图

准备完毕，"风云二号"静止气象卫星家族又要上演太空大漂移了。

### （3）G星无缝接棒E星

静止卫星轨道漂移与定点工作涉及面广、操作复杂，包含卫星安全、卫星控制以及在漂移过程中与其他卫星管理部门的协调等多方面内容。如何在确保卫星安全的前提下，完成卫星更替时业务的平稳接棒至关重要。

"早在今年（2015年）初，'风云二号'G星还在进行在轨测试时，卫星中心就开始与西安卫星测控中心及各相关部门就'风云二号'业务布局以及卫星漂移方案进行了充分讨论。"国家卫星气象中心运行控制室主任冯小虎说。

经过周密安排，在西安卫星测控中心的统筹调度下，2015年5月23日08时，G星开始了为期7天的太空长跑，由东经99.5°漂移至东经105°。要保证"风云二号"卫星在汛期内的加密观测气象服务不受影响，G星接替E星需要实现卫星观测业务的无缝隙衔接。这对我国风云系列卫星来说是一次前所未有的挑战，需要相关业务单位的密切配合。通过缜密的技术分析，只要G星和E星经度间隔大于0.7°，北京气象卫星地面站的天线就可以识别它们的信号。技术人员可以合理安排时间，让双星共轨工作，实现切换时业务无缝隙衔接。

在所有准备工作充分进行的情况下，6月1日08时，卫星控制权由西安测控中心移交卫星中心，G星和E星进行共轨工作，一场星地协同配合作战的大幕就此开启。"卫星观域是否调整到位？""云图接收是否正常？""云图误码率多少？""定位精度如何？""双星动画是否调整到位？"在经过48小时的努力后，6月3日08时，

G星和E星顺利完成了业务无缝交接，G星正式投入业务运行，并在2015年的气象服务中发挥了重要作用。

（4）D星惊险交棒E星

D星与E星的交接，堪称完美。2015年6月3日09时，在G星正式投入业务运行仅一个小时后，E星开始了漂移，要代替已经超期服役多年的D星。经历了多天的长跑后，6月29日，E星成功定点在东经86.5°。就在接手E星控制权，准备对E星进行业务设置时，西安卫星测控中心传来消息：E星转速出现较大偏差，超过正常值的1%，可能会对业务产生影响。6月29日凌晨，西安卫星测控中心完成E星刹车定点控制后连夜开会，工作人员讨论卫星出现转速偏差的原因及其影响。E星超寿命运行、器件老化、控制精度下降，这些导致卫星转速超差。技术专家分析认为，转速超差不会对卫星安全产生影响，但对业务的影响还需进一步确定。地面设备能否适应现有的卫星转速，原始云图能否被正常接收，定位和定量产品的精度如何？按照预定计划7月1日08时E星将接替D星运行，在剩下不到48小时的时间里，卫星中心必须解决这一系列问题。

29日09时，E星开始获取新定点位置后的第一张云图，北京地面站设备"DPL锁定正常""DPS工作正常""误码率为零""卫星回扫DPL锁定正常"……E星云图获取业务正常。卫星可以正常工作。因卫星转速超差带来的阴霾一扫而光，大家都稍稍松了口气。接下来就是对其云图定位精度的调试了。

6月30日15时，按照预定的进度，此时E星的云图定位精度应该满足业务要求，但实际上，它还存在着较大的偏差。如果定位精度不调整，E星就不能按期接替D星投入业务运行。关键时刻，大家对各个业务环节再次确认，对程序和参数进行多次修改和调整。

当日 20 时，E 星定位终于满足业务要求。7 月 1 日 08 时 15 分，E 星接替 D 星业务运行，卫星业务交接收官。

（5）继续奔跑的双星

在 E 星与 D 星成功交接后，D 星于 2015 年 7 月 1 日 21 时开始了为期一个半月的长跑，定点于东经 123.5°。从此，D 星成为"风云二号"家族中的在轨备份星，交由广州卫星地面站进行在轨管理，并随时待命。为了配合西安卫星测控中心的漂移工作，在 D 星漂移前、漂移中及刹车定点前，卫星中心每周二还进行 24 小时的连续测距，便于卫星轨道的确定和评估。

在正常情况下，卫星的轨道倾角在 ±2.5°左右，而 E 星（超期服役）轨道倾角已达 2.6°，已超出业务要求的范围。经过技术上的持续改进，地面系统对卫星的轨道倾角已经由最初的 ±1° 逐渐放宽到 ±2.5°，极大地延长了卫星在轨的工作时间，但倾角过大，超出业务要求的上限，仍然会对业务产生一定影响。在汛期之后，工作人员对 E 星进行了轨道倾角调整，同时调整了卫星在漂移期间造成的自旋速度超差。

"风云二号"卫星三星在轨漂移更替工作达到了预期的卫星业务运行工作无缝隙衔接目标，为保障汛期气象服务有序开展奠定了基础，实现了我国卫星气象事业发展进程中的又一次突破，对于保障我国静止轨道气象卫星观测业务的连续稳定、确保"多星在轨、统筹运行、互为备份、适时加密"的业务格局具有重要意义。

## 延伸阅读：卫星漂移是怎么回事？

卫星漂移是对静止卫星轨道控制的过程，是地球对太空飞行器的远程操控。通过地面发射遥控指令，卫星在接收命令后，从一个轨道位置运行到另一个轨道位置，通常是通过抬高或降低轨道高度，使卫星运行轨道周期与地球自转周期不同步，近似漂移。与汽车运动追求速度与激情不同的是，在卫星漂移之前，地面操控人员需要把卫星经过的路途中所涉及的卫星运行轨道和工作频率弄清楚，进行以防止碰撞为目的的安全分析和干扰分析，制订安全的轨道漂移策略。目前，静止轨道上有400多颗卫星，空间碎片更是不计其数。因此，要结合轨道控制的时间要求制订实施方案和相关预案，并提前通知所要经过的卫星操控方，避免"半路杀出个程咬金"。

众所周知，每一颗气象卫星在轨运行的燃料都是有限的，操控人员每一次都要对燃料的使用情况进行预估，以确保卫星漂移不影响其使用寿命。

卫星漂移主要包括启动、漂移和定点三个过程。具体而言，就是在精确轨道和姿态测量的基础上确定控制参数，发送遥控指令，控制卫星携带的发动机点火，抬高或降低轨道高度，即启动离开当前轨道位置，以一定的移动速度进入漂移状态，在快到达定点位置时，进行刹车控制，使其进入同步轨道位置，即定点。

静止气象卫星是在定点的状态下进行观测的。一旦卫星离开原来轨道位置，漂移过程是不进行观测作业的。这意味着卫星将中断数据服务。

## 为什么地影期卫星姐妹不宜漂移？

正常情况下，气象卫星姐妹、地球、太阳平时是很开心、很和谐地相处在一起的，然而每到春分、秋分前后，它们三者之间出现了特殊的位置关系后，彼此的矛盾就产生了，此段时间里星妹妹要么伤心，要么身体不适，这到底是为什么呢？

## 日凌——太阳伤了星妹妹的心

原来每年的春分和秋分前后，在静止卫星的星下点（地球中心与卫星的连线在地球表面上的交点）进入当地中午前后的一段时间里，卫星处于太阳和地球之间。地面站的天线在对准卫星的同时也对准了太阳，强大的太阳噪声使得卫星通信无法正常进行，日凌（太阳霸王欺凌星妹妹）中断便发生了，虽然日凌对卫星不会造成太大影响，但影响通信也就影响了星妹妹的好心情。月亮也会引起类似问题，但其噪声相比太阳来说就很弱了，因此不会造成通信中断。

## 星蚀——令星妹妹生活在地球的阴影里

星妹妹决定离开令它伤心的太阳，跟着地球寻找快乐的时光。然而好景不长，原本自由自在的生活慢慢在发生变化。也是在春分和秋分前后，当星妹妹的星下点进入当地时间午夜前后时，会尴尬地和地球、太阳处在一条直线上。

地球霸道地挡住了阳光，把星妹妹揽到它的阴影里（星蚀），慢慢地星妹妹在阴影中失去太阳的温暖，仅靠出生时爸妈带给它的能源生活，只好停止剧烈活动甚至闭眼休息，渐渐失去拼搏能量的

星妹活力越来越小，身体越来越冷，终于有一天觉得自己虽能维生，但难以为各种爱好提供充分的电能时，又开始怀念起和太阳在一起奋斗的日子。于是身心俱疲的星妹妹走出了地球的阴影区，经过一段温度恢复时间，待身体恢复到 0 ℃以上，且稳定平衡后才恢复正常工作。然而星妹妹似乎是个健忘的人，每年春分和秋分前后各 23 天它都会宿命般地走进地球的阴影区，这就是它的命运。

知道了静止卫星姐妹在每年春分和秋分的身心状态，科学家们不敢在地影期让它们换岗的做法，大家也就能理解了吧。

## 星妹妹身心疲惫时我们怎么办？

卫星进入地球阴影区，就出现星蚀。春分和秋分这两天时间最长，达 72 分钟之久。期间，星上的太阳能电池不能工作，靠蓄电池供电，但很多卫星不可能带足够大的蓄电池，为了保护静止卫星设备的使用寿命，同时保证系统安全稳定运行，地面运行控制中心及指令数据接收站会密切配合，准时在卫星进、出阴影区前后准确无误地向卫星发送各种控制指令，关、开卫星有关设备。

此外，星蚀期间，卫星温度急剧下降，所取图像质量受到严重影响，每日 00—03 时会停止一切取图与转发业务。在卫星出影后，待温度恢复到 0 ℃以上且稳定平衡后才开始取图。

### 2. "CT"体检查难疑

**为人类体检的 CT** 自从 X 射线被发现后，医学上就开始用它为人类体检，来探测人体疾病。但是，由于人体内有些器官对 X 线的吸收差别极小，因此 X 射线对那些前后重叠的组织的病变就难以发现。于是单光子发射计算机断层仪（SPECT）、正电子发射计算机断层仪（PET）、螺旋 CT （CT–PET）以及将 PET 与 CT 或 SPECT 与 CT 两种不同的图像融合成一张图像的技术出现了。它既利用了 CT 图像解剖结构清晰的优势，又具有 ECT 图像反映器官的生理、代谢和功能的特点，把二者的定性和定位作用进行了有机的结合，对人体疾病的诊断效果更好。

**给大气体检的"加强 CT"** 干涉式大气垂直探测仪是"风云四号"A 星的关键有效载荷之一，备受业界关注和瞩目。早在 1997 年"风云二号"卫星第一次上天，有识之士便提出，我国应发展干涉式大气垂直探测技术。这是遥感领域红外光谱技术的一场革命，它引领人类对地遥感探测步入三维立体阶段，为大气观测提供一种新的更可靠的手段。我国的第二代极轨气象卫星兄弟们上天时是带了大气垂直探测仪上去的，但作为国际首台静止轨道的干涉式大气垂直探测仪，"风云四号"小妹妹将实验室的高精度分析仪器带到了 36000 千米外的太空轨道上尚属首次，它以光线干涉方式对地面目标实施大气垂直分布剖面的长期连续探测，充分体现了小精灵的创新实力。

在长波红外和中波红外波段，小妹妹可给大气做超过 1500 层的精细"立体 CT"切片式探测体检。期间大气中发生的气象灾害都逃不掉小精灵的双眼。这为人类深入研究大气对流活动，更精细预测

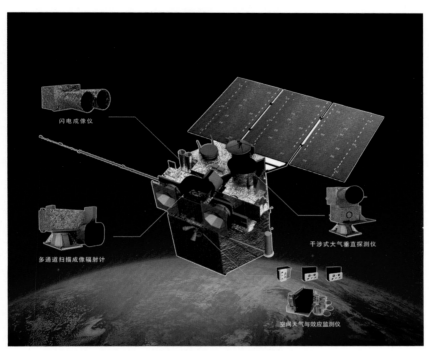

干涉式大气垂直探测仪是"风云四号"A星的关键有效荷载之一

闪电成像仪

多通道扫描成像辐射计

干涉式大气垂直探测仪

空间天气与效应监测仪

台风、暴雨等灾害性天气提供了新的可能。探测仪实现了成像原理与傅里叶光谱仪原理相结合，是红外遥感探测领域几十年来各国科学家追逐的目标。

## 3. 区域扫描快反应

千里之外可指哪、扫哪、拍哪，卫星云图可是新一代气象卫星天气观测的重要成果，但静止气象姐妹们宅在 36000 千米外的高空，在这样的高度为地球和大气拍摄图像，可真不是件容易的事，卫星平台的微小抖动，仪器的丝毫偏移，相对地面可能就是几十乃至上

百千米的差别，"差之毫厘，失之千里"在这里会体现得淋漓尽致。

为了确保卫星云图的清晰，即卫星遥感数据的精确，"风云四号"A星每每在拍摄地物和大气目标物时，都要有高超的瞄得准、稳得住、拍得好的真功夫，宅女小精灵架着的"相机"要准确定位同区域，相邻图像的相对位置关系也要配准精确。定位与配准的精度将直接影响产品的发表使用。

以前，第一代"风云二号"姐妹们拍的云图往往在传回地面后才进行后期配准处理，但"风云四号"小妹妹在星上实时配准的效果更好，图像定位与配准技术成为卫星必须突破的重大关键技术之一。图像定位与配准就是通过对星上关系载荷扫描成像的各种影响因素进行实时计算和补偿，消除偏差影响，实现无姿态偏差、无轨道偏差、无热变形偏差的完美成像。这是小妹妹的拿手好戏。为了练就这个功夫，小妹妹和研发它的团队苦练了十余年内功，它不能像"风云二号"姐姐们跳芭蕾那样旋转立定，要成为更出色的太空演员，它需要掌握高精度姿态确定方法、受热变形辨识和建模技术，以及姿态、轨道和热变形补偿技术等好多能力。为此，它像所有摄影发烧友一样克服"一口气"的振动，图像出品定位精度达到1像元，也就是说在36000千米外对地球进行扫描拍照时，载荷仪器镜头对地面的指向精度偏差不大于5个角秒（时钟的秒针滴一下转过角度的1/4320），做到了"指哪拍哪"。

和其他摄影师不同的是，它既"体贴入微"，在太空中准确地判断地面的温度、湿度等，又要24小时在岗，全天候不休息地执行"指哪拍哪"的任务。无论大气云卷云舒，地表潮起潮落，它都必须认真地一直凝视地球和大气，它不敢挪开自己的眼睛，也不能放下自己举着扫描仪的胳膊。为了手不抖，科学家们可没少下功夫，微振动研制团队在半夜无人、无空调、无电话，静得让人发慌发困的绝对安静环境中不停试验。为了防止太阳光照射到太阳能电池帆板上产生红外辐射的反射，影响卫星定标精度和致冷效果，所以采用单太阳翼的设计，采用了自适应角动量管理技术，使卫星能自主诊断，快速调整，更平稳地飞行。

从卫星云图作品中可以看出风四妹妹拍摄地球及大气时沉稳和宁静的心境。毫不夸张地讲，它是技术最高超、视角最广阔、成像最清晰、工作最勤奋，却也是中国最孤单的地球及大气最佳"摄影师"。

# 第四篇　科学明星藏身边

卫星在天上飞来飞去，有人认为放卫星"纯粹就是烧钱，劳民伤财，毫无实际意义"。果真如此吗？这笔账究竟该怎么算呢？不说距地面 100 千米以上的太空是继陆地、海洋和大气层之外人类的第四个探索空间，里面有取之不尽的太阳能等能源，只说气象卫星的问世已直接、全面地影响到国民经济和人民生活，现代天气预报离开气象卫星简直寸步难行。自从有了气象卫星，就再也没漏报过一次台风。一颗价值 2 亿美元的气象卫星可以减少因气象灾害带来的约 20 亿美元的财产损失。你可能觉得航天高科技距离我们很远，其实，航天科技与我们的生活早已息息相关并已悄然渗透到我们的衣食住行，改变了我们的生活。不信你看——

**衣**　不知何时，你逛服装市场时就突然听到促销员告诉你这是用会呼吸的、绿色环保防辐射布料制成的衣服，其实这通常是利用

航天服科技元素制造的产品。进入千家万户，宝宝们普遍使用的尿不湿，最早就是科研人员帮航天员解决如厕难题发明的，技术民用后，就给婴儿带来了舒适实用的尿不湿。

　　**食**　在农产品展示会上，茄子像西瓜、南瓜磨盘大、豆角几尺长、青椒大如梨已不足为奇，这些经太空育种的航天蔬菜让我们的餐桌更为丰盛。想必每个人都吃过方便面吧，如果不说可能没人会想到配料包中脱水蔬菜的制作也来自航天技术，因为航天员在太空要补充维生素才促使了脱水蔬菜技术的诞生，民用后也惠及百姓了。

164

　　**住**　很多建筑物的屋顶都装了太阳能电池帆板，所发的电不仅供自己用，多出来的还可送回电网赚钱。而太阳能电池技术的发展，航天技术也做出了重大贡献。太空中的卫星、飞船和空间站要能持续获得能源都要用到太阳能技术，咱们的气象卫星都带着太阳能电池帆板，稳定、高效的太阳能电池技术不但为卫星运转和工作提供能量，也推动了地球表面对太阳能的应用。另外，现代人在家足不出户就能够通过通信卫星方便、快捷地获取世界各地信息，如球赛、重大事件直播、转播，感到生活确实方便的同时你会想到这都是航天技术带来的便利吗？

**行** 这几年，GPS 卫星定位系统和北斗定位系统给开车不认路的路盲朋友帮了大忙，人们基本不再为找路犯愁。高铁的飞速发展，夕发朝至的列车越来越多，人们的生活空间越来越广。2017 年，中国航天科工集团公司在武汉宣布，借助航天系统工程丰富的实践经验和技术积累，以及国际一流的超声速飞行器设计能力，已启动时速 1000 千米的"高速飞行列车"研发项目。

**用** 电脑、手机、数码相机、摄像机、地理信息系统（GIS）、遥感技术（RS）等的应用和普及，改变了人们的交流方式，拉近了人与人之间的距离，打破了时空的界限，把跨越千山万水的亲情带

到每个人的身边，足不出户而尽知天下事。国与国、人与人之间的关系更加密切，变得和我们仅有一"鼠"之遥，地球俨然成了小小的"地球村"。为航天员设计的记忆海绵也让我们有了越来越舒适的睡眠。

所有这些卫星航天科技新成果给我们的视觉、听觉、触觉带来了前所未有的冲击。还有一些航天高科技产品正在以无可逆转的方式融入我们的生活，航天高科技真的离我们不远。读者朋友看到这可能更想知道我们追的气象卫星跟大家有什么关系。别急，现在开始，让我来告诉你它和我们的点点滴滴，读完你会觉得不了解点儿卫星知识真不好意思说自己是现代人了。

# 一、卫星云图天天见

"你的冷暖，在我心中；你若安好，便是晴天"，这是大家耳熟能详的气象人职业服务口号，这种贴心的气象服务被人们所熟知，但气象卫星的重大贡献很多人却不知道。

其实，大家每天都会看到天气预报节目主持人在电视里对着一张图指指点点。这张图就是咱气象卫星拍摄的卫星云图啦。虽然天气情况瞬息万变，但《天气预报》里的卫星云图却天天雷打不动地在《新闻联播》结束后伴随着《渔舟唱晚》的乐声和大家见面。

如果以前你从未把天气预报跟气象卫星和卫星云图关联上，那么从现在起你就要记住这位星朋友了。

**气象卫星云图自述**　我出自气象卫星搭载的各种探测仪器之手，极轨卫星和静止卫星好比带着精良装备（扫描辐射计等）的巡警和哨兵，从太空对地球表面进行监测，不过我不是卫星在高空像照相一样拍摄下来的，而是卫星搭载的仪器对地球表面进行扫描，再通过通信设备将巡查观测数据传回地面站，利用计算机对这些数据进行处理后才成为大家看到的云图。

我身上的五颜六色是用来识别调皮的天气系统或地物的，我可以确定天气系统的位置，判别其发展和演变趋势，例如，估计台风的位置、移动速度、最大风速、降水强度，图像动画能让观看者更清楚地了解云团的移动变化。我每年被数以亿计地引用，全球 100 多个国家和地区使用我反演出的数据。这些数据被带到天气预报模式中，就能计算并预测未来的天气。随着风云卫星的发展，我国天气预报的准确率从 20 世纪 70 年代的约 50%，提高到了现在的 90% 了。通俗点说，我的作用就是解读天气和地表信息，我对天气预报的贡献用一句话概括就是：还原风云变幻，解读天气信息。

**天气预报的秘密**　作为读者的你肯定不会想到，电视里主持人指点卫星云图的画面和在录制演播厅里的画面完全不同。走进《天气预报》的演播室，大家都会看到主持人身后就是一块绿（蓝）幕布。它看上去没什么特别，却是《天气预报》录制中的重要道具，主持人每天都是站在这张幕布前指指点点，向观众介绍天气情况，在电视上看到的卫星云图在演播厅里根本看不到。似乎一切全凭主持人熟练地在绿（蓝）布上把所说区域的天气信息准确无误地表达出来。

这里你一定会有疑问：主持人对着空空的幕布比画来比画去，怎么到电视里就变成面对的是一张张位置很准的卫星云图？别急，这秘密就藏在主持人前方两侧的监视器里。节目录制时用到的卫星云图都由国家气象卫星中心提供并由专人负责传送到监视器上，主持人一边看着监视器，一边在绿（蓝）幕布前比画，这样电视里就呈现出观众平日看到的效果了。跟想象中不同的是，幕布和地图的合成是在录制时利用抠图原理直接完成的，而不是录完主持人的画面后再进行后期合成。如果主持人在比画的过程中把握不好角度，会影响观看的效果。你可别小看主持人的指点功夫，即便有监视器做参照，第一次站在幕布前的人通常不能指出地图上的位置，有时甚至会南辕北辙，要做到指得又快又准，还非专业人士不可。不信你去科普基地天气预报演播室试试，无一例外，第一次指都会偏差极大。当然，专业主持人为了准确无误报天气还是有很多小窍门的，比如：在地板上画一个标记，主持人通常站在这块标记区域播报天气；对比较大的天气范围用手掌、比较细小的地方用指头都是为了既不能遮挡住云图中的信息，还能指得准。当然，背地图，记天气，根据四季和节气的特点来讲解天气、地理、气候知识，都是气象节目主持人的基本功。

169

　　现在的你会不会突然觉得气象卫星原来离我们真的不远？

# 二、防火期间瞪双眼

　　1987 年 5 月 6 日，黑龙江省大兴安岭地区的西林吉、图强、阿木尔和塔河四个林业局所属的几处林场同时起火，足足 28 天，101 万公顷森林被吞噬，9 个林场成为焦土。大兴安岭失去了五分之一林地，大量幼、中林被烧死，荒山秃岭随处可见，森林覆盖率由原

来的 76% 降为 61.5%，266 人被烧伤，211 人葬身火海，5 万余灾民流离失所，是新中国成立以来最严重的一次特大森林火灾。虽然过去了 30 多年，但很多人记忆犹新。

当年的大兴安岭，基础设施远没有今天的完善，林区的路网密度很低，道路长平均每公顷仅 1.68 米，很多地方甚至只通铁路，不通公路。林区里的道路人迹罕至，年久失修，着火时很多大型车辆、救援设备根本进不去，这给救援工作造成了很大的阻碍。加上机场少，也让灭火飞机难以施展威力。面对这么大的一场林火，人类真的无能为力吗？确实，常规监测手段在无人烟地区、在如此迅猛的火灾面前几乎全部失了效，好在气象卫星却在这场林火中发挥了特有的"神功"。

5 月 6 日上午，国家卫星气象中心从卫星云图上率先发现了火情。5 月 8 日下午，当时的中国气象局副局长章基嘉向国务院汇报，火灾引起高度重视。5 月 9 日上午，国务院根据中国气象局火情报告的情况召开专门会议，研究部署灭火工作，当时的国务院副总理李鹏指示中国气象局要继续发挥现代化装备的作用，密切监视火情，将情况及时通报林业部和黑龙江省，有重要情况可直接报告国务院。5 月 12 日，李鹏副总理飞赴大兴安岭火场指挥灭火，次日晚回京途中，在飞机上召开了会议，指出：利用气象卫星云图监视森林火灾是有效的遥感手段，别的方法不能代替；中国气象局要进一步监视火情的演变，直到大火完全扑灭；利用卫星遥感手段，对黑龙江全境乃至全国主要森林带地区进行一次扫描，监测是否有新的火源。6 月 11 日，李鹏副总理在中央防汛工作会议上说："大兴安岭森林火灾期间，卫星云图成为头条新闻，起了很大作用。"会后，李鹏副总理和中国气象局局长交谈时再一次肯定气象部门在大兴安岭森林灭火工作中做的工作，气象卫星发现火点、监视火情，为领导决策、部署和指挥扑火及人工增雨提供了依据和条件。

30多年过去了，随着现代计算机技术和地理信息技术的飞速发展，气象卫星林火监测已实现自动判识、自动输出火灾信息，大大提高了火点的判识效率，而且还可以在一定程度上根据不同季节、不同风速、不同气温，按等级提供一定的火灾预警信息。要想更好地利用卫星资料助力防火减灾，关键是遥感信息产品的反演要更加准确。

# 三、灾害天气不缺位

**台　风**　每年平均都会有5~8个台风袭击我国，尽管它们携风带雨，威力十足，但从生成到发展的一举一动都被天气监测网"尽收眼底"，提前的防范和应对让台风无法肆意夺人财产和性命。这张严密监测台风的网中最锐利、神秘的就是气象卫星。

地球上海洋面积约3.61亿平方千米，占全球总面积的71%，台风的生成和发展大部分都是在广阔的热带海洋上，而海洋上常规观测手段十分有限。早期，西北太平洋上的台风监测主要依靠美国关岛空军基地的飞机搜索，可是飞机探测次数少，耗资大，搜索的洋面范围有限，常常造成漏测。而扫描半径仅有460千米的气象雷达的使用，也只能进行定点探测；浮标观测站分布稀疏，在监测台风上局限性大。人类的海上活动和近海地区的居民容易遭受台风的袭击，导致伤亡。自从使用气象卫星之后，台风无一遗漏地都被早早监测到。它在台风扰动胚胎阶段就开始严密监视，并且对台风形成

中需要的环境条件进行全天候的监测。结合其他各种预报工具的使用，有效延长了台风的预报时效，为防台抗台争取了时间，使大家有较为充分的时间组织部署抗台，提前采取措施，海上无一船只翻沉、无一人员伤亡的例子越来越多。

中国气象局资料显示，截至 2015 年底，利用"风云二号"卫星，我国已经对西太平洋生成的 415 个台风、登陆或影响我国的 153 个台风监测实现了全覆盖。气象卫星资料的加入，使台风预报准确率连年提升，2015 年，中央气象台台风 24 小时路径预报误差首次低于 70 千米，达到世界领先水平。

**暴雨及强对流**  相信每个正常上班、上学的读者都会在途中遇到过突然下起的暴雨，这种暴雨常常在小范围内发生，持续时间短。常规天气探测网观测时间间隔长（高空 12 小时间隔，地面 3 小时间隔，雷达空间分布不够密），不易测到，这时候，气象卫星开始发挥作用了。暴雨来袭，气象卫星又怎么不知道？

当静止气象卫星观测这类局地短时天气系统时，应急天气状况出现时区域观测间隔可加密到 6 分钟，甚至 1 分钟，利用卫星及时下传的精细化观测数据能够及早发现和连续追踪暴雨、飑线、强雪暴等强对流危险天气的发生发展。它提供的高精度大范围的大气信息，涵盖了紫外、可见光、红外、微波、水汽分布、大气强对流判别图像等产品，相关部门可利用这些产品密切监视天气，准确预估强对流云团的行进路线和强对流天气的发生地区，并有针对性地发布灾害预警，有效调拨现有的抗灾救灾资源。1998 年，我国长江流域发生特大洪涝灾害期间，相关部门根据气象卫星的观测数据准确预报了长江上游地区的天气情况，做出了荆江不分洪的正确决策，仅此一项就为国家减少了数亿元人民币的经济损失。

不过，客观地说，目前，国内外气象卫星面对越来越频繁的突发暴雨天气，在监测方面还有力不从心的地方：一是空间、时间分辨率不够精细，对一些小尺度强对流云团上冲云顶特征连续监测和清晰识别有困难；二是在穿透云层看到云团内部获取的垂直运动信息还不够丰富。

**高原天气系统追踪**　我国西部的青藏高原等高原地区，地广人稀，地面观测站很少，观测资料缺乏，人们对高原地区天气的认识和了解受到限制。卫星云图的研究和使用，在发现了一些重要的天气现象和天气过程中，揭示了高原上天气系统活动的规律，改善了高原地区的天气分析预报状况。人们对高原上天气系统的活动有了较清楚的认识，还发现影响东部地区的天气系统有不少形成于青藏高原或者由高原地区东移。因此，近年来减少了漏报天气过程现象的发生，加上在国家气象中心的数值预报模式中，应用了大量卫星云导风、温度和湿度的垂直及水平探测资料、降水资料，弥补了广大海洋地区测站稀疏所导致的观测资料匮乏，提高了分析水平，改善了模式预报性能。

# 四、重大事件补位忙

近些年来，中国和国际上的大事不少，2008 年"5·12"汶川大地震、2008 年北京奥运会、2009 年纪念中华人民共和国成立 60 周年阅兵式等大事件中都见到了气象卫星的身影。

**2008 年北京奥运会**　天气对运动会的举办和运动员的成绩影响很大，2008 年北京奥运期间，四颗气象卫星发挥神奇威力，监测着奥运主、协办城市上空的天气及赛场形势。四颗星分别是"风云一

号"D 星、"风云三号"A 星和"风云二号"C 星、D 星。

2008 年 6 月下旬，青岛奥帆赛场及周边海域遭受浒苔侵扰，对即将举行的奥帆赛造成困扰。

气象卫星独具慧眼，将海上浒苔情况侦察得一清二楚，面积有多大、往什么地方移动，全都尽收眼底。工作人员结合奥帆赛场区域制作了分辨率为 100 米、网格点为 5 千米的青岛市近海海域浒苔监测示意图。在浒苔移动示意图中，分别标示出了浒苔区距青岛最近处位置和其中心位置的移动路线，反映出了浒苔区影响范围的变化；在覆盖密度合成图中，利用不同深度的绿色表示不同的浒苔覆盖密度；在奥帆赛场监测示意图中，海上打捞人员可以清晰地看着浒苔位置作业，为奥帆赛提供了有效帮助。

奥运会期间，正是台风多发期，"凤凰""北冕""鹦鹉"先后影响我国，对在香港举行的马术比赛产生了不小的影响。国家卫星气象中心利用气象卫星对可能影响香港的台风云系进行了跟踪监测，为预报人员准确预测台风影响范围、未来移动方向提供了可靠数据，有效保障了奥运赛事的有序进行。

在天气领域，气象灾害难逃气象卫星的"法眼"，但比起天气，奥运会举办期间的空气质量、紫外线辐射等情况也是各国运动员关注的重点。为此，国家卫星气象中心首次推出大气污染状况、城市气溶胶、太阳紫外辐射和城市热环境等精细化的环境监测分析产品。

气溶胶粒子是悬浮在大气中的多种固体微粒和液体微小颗粒，当气溶胶粒子的浓度达到足够高时，就会对人类健康造成威胁，运动员运动时受到的影响会更大。卫星图片可帮助人们分清原始图像中颜色差异不大的雾、云和气溶胶。专家通过这些监测资料，对 2008 年 8 月 1—9 日北京地区气溶胶粒子浓度分布进行了分析，得出结论性意见：北京地区 8 月上旬气溶胶光学厚度平均值为 0.6。光学厚度越大，气溶胶粒子浓度越高，其中奥林匹克中心区所在的北部地区，气溶胶光学厚度在 0.4 以下。气象卫星为奥运期间北京空气质量取得的明显改善提供了有利证据。

奥运会的举办对卫星气象服务来说是挑战，也是契机。满足奥运精细化、高质量的服务要求是检验卫星服务水平和服务潜力的过程。在服务中，气象卫星兄弟姐妹的服务水平得到了又一次锤炼。

**助力寻马航 大事有补位**　2014 年 3 月 8 日 00 时 42 分，马来西亚航空公司一架波音 777 型客机执行从马来西亚吉隆坡飞往北京的航班 (MH370) 任务，于 02 时 40 分与地面失去联系。机上共搭乘 239 人，包括 150 多名中国乘客。事件发生后，中国气象局高度重视并迅速开展应急气象服务，制作"马航失联客机途经海域天气信息"服务材料，对马航失联航班当时的航线周边海域，从地面观测到卫星遥感气象信息进行了全面分析，并给出了当时的天气实况及未来的天气预报。气象卫星开始对搜救海域天气情况进行观测，每天给出搜索海域天气监测现状以及发展趋势，给出搜救海域天气情况利于或不利于搜救的建议。

# 五、科学艺术融合美

卫星眼里的地球和大气了却了人们"不识地球真面目，只缘身在此球中"的遗憾。卫星云图的诞生，让我们对地球和大气的观察方式有了飞跃式的发展。卫星用载荷记录了自然的惊奇，推动着我们科学认知和审美认知的共同进步。

　　李政道曾说过："科学和艺术是不可分割的，就像一枚硬币的两面。它们共同的基础是人类的创造力，它们追求的目标都是真理的普遍性。"看了这些"卫星大师"的杰作，你会体会到科学与艺术结合的无穷魅力，欣赏和品味到卫星图片的精彩绝伦。你不但能感受到我们的地球从太空轨道上观看竟然如此美丽，而地球的某些部分看上去简直让人感到神奇。卫星捕捉地球及大气的精彩瞬间，既给我们带来了视觉的享受，也让我们惊诧于地球的神秘，思考人类自身在保护地球中的作用，进而展开更多的遐想。

　　**璀璨的地球**　气象卫星让我们多了双在太空中遥望和欣赏自己居住星球的双眼，除了陆地和海洋，从外太空观察地球，最富于表情变化的就是大气层中的云了，随着大气运动，云层会产生各种变化，形成不同的图案，形态各异，异常美丽。

"风云三号"A星中分辨率光谱成像仪全球影像镶嵌图（2008年7月19日）

　　2017年9月25日17时至28日17时，为了庆祝"风云四号"A星取得的重大技术突破，人们常用的手机通信软件微信的启动页更换了三天。这三天的启动页是"风云四号"A星传回的东半球高清气象卫星云图，画面从原图中人类起源的非洲大陆变为华夏文明起源地，这也是微信启动页首次发生变化。非洲大陆是人类文明的起源地，微信是人类的沟通工具，非洲上空的云图作为微信的启动页，代表人类的出现才有了沟通的存在和意义。然而在我国"风云四号"A星在轨交付的日子，微信启动页换成了这个小精灵传回的以中国上空为主的卫星云图，寓意着了从"人类起源"到"华夏文明"的历史发展，吸引了十几亿人的目光。

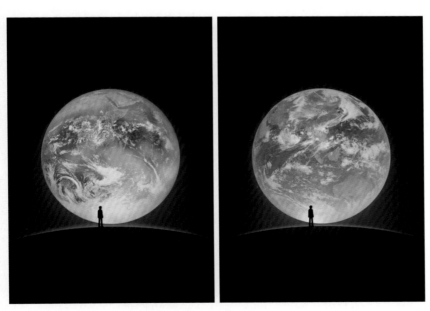

微信启动页的变化（2017年9月25日17时至28日17时）

**美丽的祖国** 卫星云图展示了祖国蓬勃的湿地、不羁的沙漠、莽莽的林海、悠悠的草原、企望的高原、纵横交错的山脉、地上的银河冰川……这就是你我的家园，气象卫星眼里的中华大地熠熠生辉。风云气象，春夏秋冬，在卫星眼里变换着的卫星影像图告诉我们美景在何方，家乡在哪里。

横断山脉

青海湖

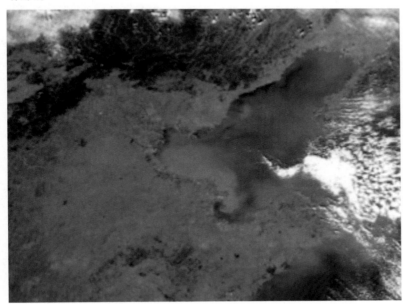

渤海湾黄河入海口

**可怕的灾害** 透过卫星的双眼，我们遥知人间冷暖。反映沙尘暴、台风、暴雨、火灾等灾害的卫星图片让我们清晰地看到沧桑的地球家园遭受的打击。作为地球的监护使者，卫星在地球及大气探测中承担了核心角色，在防灾减灾和可持续发展中发挥了重要作用。

2009 年 8 月 10 日，台风"莫拉克"带来的暴雨重创台湾南部，此时我们接收的卫星云图上也出现了奇特的画面：下图的右边，似乎一个人拿着水桶猛倒水！这个像人的云团是 2009 年第 9 号台风"艾涛"，而它泼水方向的"莫拉克"则成为台湾历史上破坏力最强的台风之一。

泼水者（气象卫星监测台风图像）

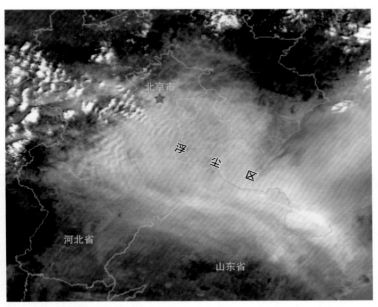

黄沙漫漫　飞舞迷离（气象卫星监测沙尘图像）

三台上场　共舞翩跹（气象卫星监测台风图像）

**杰出的艺术**　本来用于研究地球及大气的图片在卫星眼里也可以非常美丽，有些卫星云图更让人感到神奇。一幅幅空前绝后的艺术珍品，让人不得不惊叹大自然的魅力和高科技的神奇。

科学之美无处不在，卫星科学与艺术的结合有着无限的空间与可能，云图作品具有的科学内涵，更利于卫星气象科学的普及与传播。

惊世独立 火眼金睛（气象卫星监测台风图像）

丝滑流畅 色彩斑斓（气象卫星监测阿拉伯半岛及中东地区图像）

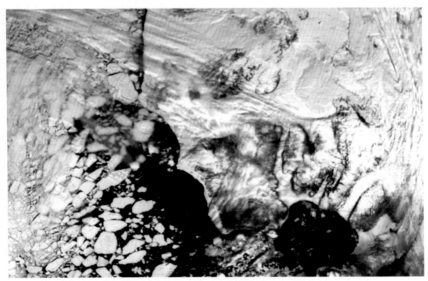

苍茫冰雪 断裂无声（气象卫星监测北极地区冰裂图像）

# 第五篇　追星当追科学星

本书中明星不仅仅指气象卫星，还包括一群造星、牧星、追星的人，写出他们的故事并不是为了接受粉丝的追捧，而是让更多的公众获取科学营养，能在更宽阔的视野之下学习、工作和生活。一个国家通过追科学明星而不断进步，实乃国家、民族之幸；一个人通过追星若成为追科学卫星之人，也是人生、生活之幸。

# 一、心比天高卫星人

中国航天事业巨星"航天四老"* 之一的任新民，挂满勋章、广获赞誉，说起自己就是"我一生只干了航天这一件事"。他是钱学森点名调到国防部搞火箭的人，是"两弹一星"功勋奖章获得者，是中国航天技术的重要开拓者之一。作为中国科学院和国际宇航科学院院士，曾担任中国"风云一号"等六项大型航天工程的总设计师。当年在气象卫星的研制遇到瓶颈时，他在国务院、国防科工委、中国气象局等部门间来回奔走，听完他的汇报，时任国务院总理的李鹏拨出几十亿元，专款专用。时任中央军委副主席的刘华清批示："当前财政实在困难，动用国库存的金子，每年出点也得干！"可以说没有任老的努力就没有气象卫星事业的今天。

想必很多读者在电视里都看到《感动中国》评选委员会给孙家栋的颁奖词："少年勤学，青年担当，你是国家的栋梁。导弹、卫星、

---

* 指任新民、黄纬禄、屠守锷、梁守槃四位在中国航天界威望极高的科学家。

嫦娥、北斗。满天星斗璀璨，写下你的传奇。年过古稀未伏枥，犹向苍穹寄深情。"孙家栋的一生都在书写着造星的传奇。曾作为"风云二号"气象卫星的总设计师孙家栋，他亲历、见证、参加、领导了中国航天从起步跟跑到和国际先进国家并跑的全部过程。

和两位德高望重的总师同行的是一批批默默地为风云气象卫星奉献的造星人、牧星和追星人，通过他们的所说所做，你会深切感受到航天人和气象人为风云气象卫星发射成功、稳定运行、发挥效益付出的种种努力，品味到卫星人执着的奉献精神。

## 1. 殚精竭虑铸风云

多年来，我国气象卫星从无到有，从小到大，从弱到强，从试验到业务，从一代到二代，从跟跑、并跑到领跑，从短命夭折到稳定超寿命，实现了多星在轨互为备份、资料共享应用广泛的局面。这背后凝聚着几代科技工作者殚精竭虑的心血。

造怎样的气象卫星？搭载什么样的仪器？选择什么时候发射？该怎样运行？收下来的数据怎么应用？从定规划、提要求、搞设计、忙建设到卫星运行、遥感应用一系列高精尖工作，在气象卫星明星光耀天宇的同时也造就了一代"高大上"的科技明星。

**造星人**　作者 1989 年开始和风云卫星打交道，印象最深的是 1990 年"风云一号"B 星失控。"风云一号"B 星失控后在高空轨道上高速旋转，危在旦夕！当时任新民坐镇现场指挥，他说这是国家的财产，不能就这么放弃了！最终，在任新民的"督战"下，年轻的风云卫星团队硬是让一个高速旋转的卫星"安静"下来，为国家挽回了巨大损失。在"风云一号"A 星、B 星接连出问题后，"干

脆就采用国外成熟气象卫星为我们服务好了"的说法蔓延，任新民四处奔走，陈述支持卫星国产化的理由，坚持要求支持气象卫星队伍走下去，并坚信凭我们国家的能力一定能够闯出一条路来。如今我国风云气象卫星的云图每年被数以亿计地引用，成了国内最大的遥感卫星数据库，全球近百个国家和地区使用风云卫星数据。天气预报准确率也从 20 世纪的 50% 提高到 90%，这些都离不开当初任新民坚决支持独立自主发展气象卫星的执着。可以说没有任新民，就不可能有风云气象卫星在国际气象卫星领域的地位，更不可能有我们当前气象卫星与欧美形成的三足鼎立之势。业务精通、作风深入、生活朴素、为人亲和的任老教会了我们应该怎么干航天。

曾任"风云一号"卫星总设计师的孟执中，与卫星打了 30 多年交道，他是看着气象卫星一点点"长大"的，当他亲眼看到多年的心血——卫星在太空翻起了跟头时，心中那份不安可想而知。两颗"风云一号"试验星发射成功，却都没有达到设计寿命，原因何在？当第一颗业务卫星开始研制时，孟执中把目光重点瞄准在提高卫星姿控系统以及星载计算机的可靠性上，从产品元器件质量开始把关，对国内生产的元器件，全部选用特制的加严产品，并实施下厂监制、验收。在装星前，还要对全部元器件进行二次筛选。严肃认真、周到细致、稳妥可靠、万无一失的孟总告诉了我们什么是航天精神。

曾任"风云二号"卫星总设计师的李卿，投入毕生精力将"风云二号"从试验星发展到业务星再到服务星，从"争气星"到"名牌星"，实现了双星观测稳定、长期、连续的业务运行。每次目睹着卫星升空而去，总设计师李卿就像送孩子远行，盼着星箭顺利分离，盼着卫星顺利入轨，盼着卫星早日发回产品，只有在看到清晰的卫星云图顺利到达地面的时候，他的心才能安然放下。每颗卫星上天前经他检验测试的每道工艺、每个焊点、每个系统、每台产品的质量问题都要严格归零，遇到难解问题他的"故障树"会剔除枝枝蔓蔓，找出问题所在。李卿用行动告诉我们一个科学家干航天需要怎样的严谨。

现"风云四号"卫星总设计师董瑶海，21 岁起就和风云系列卫星结缘，他赶上了我国气象卫星事业大发展的好时光，见证了"风云一号"系列四颗卫星的研制、升空。尤其是 1991 年 B 星上天半年后的抢险经历，为董瑶海进入总体设计角色揭开了序幕，作为航天人，董瑶海感觉一生"最紧张的时刻莫过于亲手研制的卫星随火箭发射升空的那一刻"。随着技术的不断进步，第二代风云卫星新增的探测仪器较第一代更加敏锐，这么重大的工程项目，带给他神圣感的同时也带来了沉甸甸的责任感。正如他所说："现在经常睡不好觉。做梦也总是梦到工作上的事。"对总设计师必须有广博的知识、掌握全局的能力和气度的要求使董瑶海更加用心地学习相关领域的知识：卫星轨道、太阳运动、结构动力学、姿态动力学等等，他究竟看了多少书自己也数不清了。但每每讲起他的事业，总是神情激动，因为他的工作与国家强盛有着紧密的联系。做着自己喜欢的事，而且有成就感，他很满足。一颗卫星的诞生是群体努力的成果，甚至是全国合作的结果，总设计师做的就是集合大家来做一件事的工作。"技术要精湛，脚踏实地；为人要正派，平易近人。"董瑶海告诉了我们什么是航天系统工程。

**牧星人**　李恒年喜欢说天上的事儿，那都是天大的事儿。卫星在太空做观测，需要精确地在预定轨道上运行，并保持精确的对地

姿态，说起来容易，做起来可很难，微小的差错就可能导致卫星姿态失控，脱离轨道，甚至报废。一颗卫星能否超期服役，能超期服役多久，星上燃料是重要决定因素，一旦燃料耗尽，卫星就会因失去轨道修正能力逐渐报废，节省燃料的关键是实现对卫星的精确测控——这是牧星人李恒年的长项。他提出的算法在"风云二号"卫星测控任务中成功运用，把卫星姿态确定精度提高了30倍，变轨控制精度提高近10倍，节省星上燃料近15千克，为卫星增加了7年以上的能源保障，使我国自旋卫星测控水平跨入国际先进行列，目前正常在轨工作的风云卫星超过半数在超期服役，李恒年实在是功不可没。抢救失控的卫星也是他的强项，建模、计算、分析……他想象自己在空间中跟着卫星旋转，看太阳，看地球，感受卫星的受力，即使抢救过程再痛苦，从没想过放弃。因为他始终高涨的激情和忘我的投入激励着他的团队，产生了超乎想象的美妙结果，经他手抢救回来的卫星有好几颗。李恒年告诉我们什么是真正的科技创新。

带头人的手下是一个有效的组织，是讲奉献，认真、细致、严谨的集体，是什么让他们在各自的岗位上尽职竭力？答案就是：气象卫星事业。

## 2. 真情一片恋卫星

造星、牧星队伍的身旁还有一群追星人，这支队伍1971年组建时只有4个人，现在已经是一支拥有400多人的风云卫星队伍，成为明星卫星发挥作用的重要人才资源库，团队成员有着丰富的专业背景，大气科学、大气物理、天文、无线电、计算机、地球科学、海洋学、光学、数学、自动控制、遥感应用、微波技术……既有卫星数据接收的"前端人才"，他们对电子、通信、计算机有着深刻了解，又有卫星数据应用的"后方人才"，他们对遥感技术、信息技术、气象及农林水等专业比较精通。

多年来，这群追星人白手起家，学习、调研、思考，进而引进、消化、吸收，接着改进、创新、发展。瞄着向国际先进水平靠拢的目标，靠协调、合作与同舟共济谱写风云卫星的传奇。

现任国家卫星气象中心主任杨军只要说起气象卫星，职业自豪感便溢于言表："从卫星运载、发射、测控到地面系统，从国家各部门的决策者到基层的普通人员，成千上万的人用自己的智慧和双手，诠释了爱国主义篇章！"

国家卫星气象中心前主任许健民、钮寅生在新一代静止气象卫星发射成功后非常激动，认为"风云四号"很了不起，因为我们自力更生，因为我们精益求精。国家卫星气象中心的传统就是：凡是我们国家可以做到的事情，绝不依靠外国；凡是卫星中心能做的事情，绝不依靠其他单位。

如此半个世纪的情怀，白文举、齐生英、高峰、岳川、曾宪波、钱纪良、许健民、董超华、张文建……一代代追星人传承着卫星气象自力更生的精神，带领这支队伍成就了今天卫星气象事业的辉煌。

静止气象卫星地面系统总设计师张志清说过，做气象卫星总设计师精神压力很大，弦儿始终是绷着的，要梳理明白哪些是颠覆性的问题，哪些仅仅是工作量的问题，哪些又是借助技术能解决的问题。而极轨气象卫星地面系统总设计师杨忠东说，对于气象卫星专业技术人员来说，一二十年，就做一件事，就研究一个内容，把它做好是值得的。

为什么气象卫星能够快速发展，许健民院士总结了三个原因：第一是我国家的气象卫星工作受到党和国家领导人高度关注，第二是自力更生，第三是人才。

曾任"风云三号"地面系统总工程师、国家卫星气象中心主任的董超华为卫星气象事业贡献了毕生精力，退休后她把更多的希冀寄托在青年人身上，"现在年轻人都起来了，希望他们勇于承担，不求快、唯求实"。

专业有分工，每个追星人都在发挥自己的优势，各显其能，从解决每颗卫星应用产品生成的物理过程和算法研究，到对算法进行工程化、业务化，技术人员利用了一切可以利用的时间，甚至会通宵加班和时间赛跑，只要进入工作状态就没有放松的可能。设备一旦出现故障，不论白天和黑夜，运控技术人员就必须在规定时间之内赶到现场。半夜接到电话后赶到现场排除故障，已是家常便饭。在日常遥感服务工作中，遥感应用部门会利用风云系列气象卫星资料对台风、暴雨、沙尘暴、大雾、暴雪等气象灾害以及重大事件期间进行监测，每年制作的气象卫星天气和灾害环境监测报告就有上千期……

陆其峰，我国风云气象卫星仿真和定量应用方面的领军人才，他建立了国际上第一个气象卫星仪器在轨性能优化模型，在国际上首次利用该模型开展了卫星仪器在轨性能参数的模拟仿真研究，提升了我国气象卫星的数据质量。首次成功将"风云三号"气象卫星数据同化到全球第一流的欧洲中心数值天气预报业务系统中，并系统研究了"风云三号"卫星数据的定量同化应用技术，推进了"风云三号"卫星资料在数值天气预报模式中的定量应用。他带领团队创建了"气象卫星系统"仿真计算平台，来模拟和评价卫星观测系统的应用效果，证明了中国气象卫星和仪器的工艺水平达到国际先进水准。

郭强和他带领的团队用十年时间把"风云二号"曾经很突出的问题——杂散光地面处理圆满地解决了，还利用月球和内黑体实现了"风云二号"业务定标。定位和定标可以说是整个遥感卫星定量化应用中必须解决的最重要的问题，而他讲起这个成就只是轻描淡写。

2013年元旦过后，横扫半个中国的霾令中小学停课、航班停飞、高速公路封闭……一周后，张兴赢和他的团队通过风云系列气象卫星反演出比较准确的全国雾、霾分布图并迅速开展了一场异常紧张而激烈的试验，经过无数次的运算、对比、分析，终于获得气象卫星反演产品，获得当时的国务院副总理汪洋的高度认可。

这样的中青年在卫星中心比比皆是，是什么激励着一代又一代卫星气象人坚持不懈地探索和奉献？信念！

有了为卫星气象事业发展努力奉献的信念，即使遇到再多的困难他们也无所畏惧。这些有信念的科技工作者和千万个卫星气象人一起撑起卫星气象事业的春天。虽然卫星气象事业压力大、责任重，但卫星气象所有的光荣与梦想，都离不开这些卫星气象人，离不开他们一生的奉献与付出。能为卫星气象事业奋斗一生，追星人是幸福的，因为在追星的过程中，他们也成了天上最亮的星。

## 3. 一生挂念在心间

"21年了，我们终于看到了这一天。"谈及"风云四号"A星2016年发射成功时，年届80岁的国家卫星气象中心前主任钮寅生

如是说，"年轻同志更聪明、更能干，看到他们的进步，我们真的很高兴。"1995年10月召开的"风云四号"气象卫星专家研讨会正是钮寅生主持的，21年过去了，当年的情景他却依然清晰地记着。这支中国气象卫星攻关团队在发展中遇到的困难很多，有过迷茫、困惑，也被质疑过。"但21年我们就这样坚强地走过来了，我们的'风云四号'实现了跨越式的发展，赶上了当代国际先进水平。未来，我们的气象卫星还要不断发展进步，让世界对我们刮目相看，为巩固我国的大国地位贡献一份气象力量。"

问题决定方向，方向推动发展，发展依靠技术。在对卫星指标及遥感仪器确定的论证中，一个关键难点——卫星平台要从自旋稳定转变为三轴稳定，实现对观测区域的机动选择，想看哪里就看哪里。它的攻克与否决定了"风云四号"的前途。如果解决了观测时间，有效利用率就会从5%提升至80%，同时还能提高探测器可见光通道、红外通道的灵敏度。带着问题，技术人员解决了星地的匹配、星地之间的补偿与平衡关系，实现了静止气象卫星三轴稳定的巨大突破。这一切归功于众志成城的全国大协作、党和国家的关心、经费上的支持和规划上的指导、良好的科研环境、优秀的队伍，特别是自力更生和精益求精的精神。

如今，自力更生的精神在一代代国家卫星气象中心工作人员中不断发扬和传承，而且像老主任一样，只要在卫星中心工作过的人，风云气象卫星自然就成了他们一生的牵挂。

回忆过去，老同志们对1988年第一颗气象卫星发射和云图接收时的场景历历在目，想想经过了几代航天人和气象人的不懈努力，中国气象卫星实现了从无到有、从弱到强该是多么大的变化！每每看到卫星事业的进步，和气象卫星有着不解之缘的老同志总是难以掩饰激动和自豪，他们一生最大的愿望就是通过中国气象人不懈的努力，在未来建设更为强大的天基监测系统。

说起气象卫星的成绩，现在多数人往往只看到了眼前的成果：共发射了多少颗风云卫星？然而这群一生都在为卫星气象事业操劳的群体，告诉我们更应看到的是卫星气象人坚持了三个时代的航天精神：早期自力更生、艰苦奋斗、大力协同、无私奉献、严谨务实、勇于攀登，核心是自力更生；中期"两弹一星"精神，热爱祖国、无私奉献、自力更生、艰苦奋斗、大力协同、勇于登攀的精神，因为一个人没有爱是不会把你的宝贵东西拿出来的，有爱才有奉献，把自己的工作干好了，就是最好的爱国；今天的载人航天精神为特别能吃苦，特别能战斗，特别能攻关，特别能奉献。

气象卫星追星队伍就是这样特别能吃苦、能战斗、能攻关、能奉献的群体！

## 4. 成就风云百姓星

仰望浩瀚夜空，看着点点繁星，我们肉眼看不到中国气象卫星的身影，然而它们就在天上，和世界上所有的气象卫星一起负责地监测着全球的风云变幻和阴晴冷暖。

新一代风云气象卫星的升级换代，亿万民众从新技术中受益，风云气象卫星已经在天气预报、气候预测、自然灾害和环境监测、科学研究以及气象、海洋、农业、林业、水利、交通、航空、航天等多个领域得到了广泛应用，为防灾减灾、应对气候变化以及经济社会可持续发展做出了重要贡献。

可以自豪地说，有了气象卫星，台风无一漏网；有了气象卫星，沙尘暴监测和预报准确度提高；有了气象卫星，大大减少了由于未能及时发现森林火情和漏报、瞒报损失以及火灾扑救过程中的人力物力损失；有了气象卫星，暴雨、冰雹、大风、龙卷、寒潮、积雪、水环境、湖泊蓝藻、海冰、全球臭氧、空间天气等都难以逃过它们的眼睛……

毫不夸张地说，在我国民用遥感卫星中，气象卫星是发挥最好、应用范围最广、跟百姓的生活最为贴近的卫星。

# 二、乐此不疲追星迷

诚然，一颗气象卫星从研发、制造、发射到应用需要无数科技人员的集体智慧和辛劳工作，但如果缺少卫星气象工作者这样一群"追星族"的不懈努力，它必然会失去其独有的应用光芒。一年365天，一天24小时，只要地球转，卫星在，追星人就要跟着转。

## 1. 卫星经过，我们出工

大年三十的夜晚，忙碌了一年的人们都在家中团聚，然而气象卫星也和春节晚会的明星们一样不会"放假"，它站在高悬的太空舞台，不停地注视着地球的风云变幻。而为了追星，气象卫星工作者也坚守在岗位上，乐此不疲地追踪着卫星的一举一动。和春晚的明星及观众不同的是，气象卫星和追"星"族都不会像他们一样在春晚结束后散伙回家，而需要如往常一般"三班倒"，24小时值班。严格地说，气象卫星和追星人不只是没有春节，而是没有任何节假日。

在极轨卫星运行控制室，追星人监视着风云卫星的一举一动，确保数据的正常传送与接收；在遥感应用室，业务人员密切关注着实时的水情、火情及雾、霾形势，对收到的每一条数据加以分析。而业务保障人员则监视着所需的水、电、气、通信等方方面面。回不到家过春节的值班员撂下远方爸妈的电话调侃地说："风云这些兄弟在太空玩得那么自在，一定不想地球的爸妈。"

### 2. 卫星不跑，我们紧盯

在静止卫星测距站，跟着地球同步转的卫星姐妹们也不敢眨眼，虽然地下的天线没动，但追星人却一刻也不能放松，地面系统联调联试、卫星到地面间距离测量、信号接收、卫星测控等安全管理，值班的同志需要认真做好所有记录，不放过每个异常情况。接完远方亲人的电话，值班的姑娘们酸酸地说："风云这些姐妹一定很想地球的爸妈！只是要值班所以陪不了亲人过年。"

### 3. 早安晚安，我的明星

如果你问追星人人生最紧张的时刻是什么？他会告诉你除了看着火箭把卫星送上天的时刻，还有梦中被"丢轨"吓醒的时刻。然而每次这样紧张过后他又会由衷地感到开心，因为每次卫星发射后总会多一些星迷，每次吓醒后发现"丢轨"不是真的。

"老师老师，风云卫星在天上会翻跟斗吗？它在太空转多快？""当然能翻，只要我们给它的命令出现错误，令它无法正常工作，它就会翻跟斗，但我们不敢也不能让这种情况发生。至于它的速度嘛，极轨卫星兄弟们 102 分钟就绕地球一圈，静止卫星姐妹们呢，地球

转多快它们就跟多快……"这一次孩子们瞪大眼睛跟着老师所追逐的，不是歌星、影星，而是风云气象卫星，这个明星就在天上。抬头，看看天，相信你就能感受到。

早安，风云兄弟们!

晚安，风云姐妹们!

每天的问候早已成了风云卫星追星人的习惯。

198

# 后 记

　　面对越来越多的追星者，作者发现卫星高科技只要不显得那么高冷，普通人会更亲近和喜欢。事实上，卫星气象科技资源科普化，就是追星人为高冷的高科技披上温暖亲民面纱的一个努力和尝试。对普通公众，包括绝大多数青少年来说，以前能够享受到追真正卫星的乐趣简直是一种奢望，如今越来越多的人通过追星知道了这个巨大的国家工程，知道了一颗颗帮助人类认识风云变幻的卫星和自己的生活有着千丝万缕的联系。

　　本书编写中，承蒙卢乃锰等卫星气象专家的审阅，并提出宝贵的修改意见，也得到一些同事热情提供的高质量图像和参考资料，在此一并表示诚挚的谢意。

曹静

2018 年 5 月

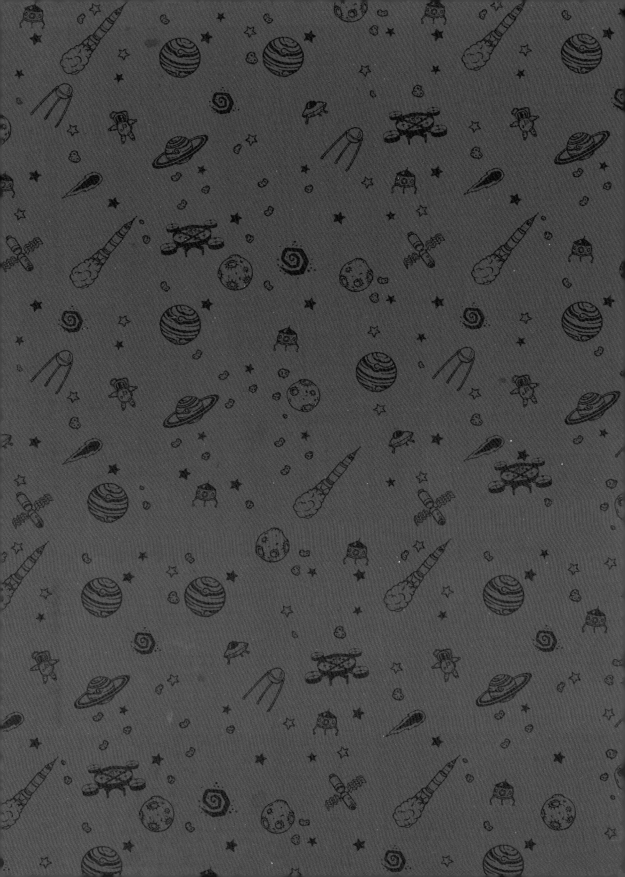